BON-PASTEUR

ÉLÉMENTS
DE
GÉOLOGIE

COURS DE DEUXIÈME CLASSE.

CLERMONT-FERRAND

TYPOGRAPHIE FERDINAND THIBAUD, LIBRAIRE

Imprimeur de Mgr l'Évêque et du Clergé.

1874.

GÉOLOGIE.

Qu'est-ce que la Géologie ?

La Géologie, ou science de la terre, est cette branche de l'histoire naturelle qui traite de la constitution physique du globe que nous habitons. Elle nous fait connaître la nature, l'origine et la succession des diverses couches terrestres. Elle nous explique les transformations qu'a éprouvées la terre pour arriver de son état primitif à sa situation présente.

Cette science est-elle bien ancienne ?

La géologie est la plus récente de toutes les sciences. Ce n'est qu'au XVIIe siècle que les savants ont commencé à s'occuper de l'origine de notre globe. *Leibnitz*, *Buffon*, *Werner* et *Cuvier* ont apporté leur puissant concours à cette œuvre nouvelle. Les faits, mieux observés, ont permis de corriger les premiers systèmes ; et les opinions actuellement admises, ont de grandes probabilités d'exactitude. On ne peut guère espérer une certitude complète quand il s'agit de faits accomplis avant l'apparition de l'homme sur la terre. On n'en retrouve l'enchaînement que par le raisonnement, appuyé sur l'observation des phénomènes actuels, et sur l'examen des résultats des phénomènes anciens.

Quelle est la forme de la terre?

La terre a la forme d'un sphéroïde légèrement aplati vers les pôles, et renflé à la ligne médiane. Son diamètre est d'environ douze mille kilomètres et sa surface est inégale : ici, elle est hérissée de hautes chaînes de montagnes; ailleurs, elle présente des dépressions profondes; mais ces inégalités, quelque gigantesques qu'elles nous paraissent, lorsque nous les comparons aux objets dont nous sommes entourés, sont proportionnellement moindres que les plus légères aspérités que présente la peau d'une orange.

Les parties les plus déclives de la terre à sa surface, sont recouvertes par les immenses masses d'eau que nous nommons *mers* ou *océans*. Leur profondeur précise n'est pas connue partout, mais des hypothèses bien fondées laissent supposer qu'elle ne s'étend guère à plus de 4000 mètres au-dessous du niveau des eaux.

Quant aux montagnes, il est prouvé que le sommet des plus hautes ne s'élève pas au-dessus de 8000 mètres au-dessus du niveau de la mer.

Sur quelles considérations fondamentales, les géologues appuient ils les explications qu'ils nous donnent sur l'origine de la terre et ses mutations diverses?

Pour expliquer l'origine de la terre et ses mutations diverses, les géologues invoquent deux considérations fondamentales :

1° *La considération des fossiles.*

2° *L'hypothèse de l'incandescence des parties centrales de globe;* et, comme corollaire de celle-ci, *l'hypothèse des soulèvements de la croûte du globe*, soulèvements ayant produit des révolutions locales.

Qu'appelle-t-on fossile?

On donne le nom de fossile à tout corps ou vestige de corps organisé, enfoui naturellement dans les couches terrestres, et n'appartenant à aucune des espèces qui vivent de nos jours. Ces corps fossiles n'ont ni la grâce, ni l'éclat de la plupart des êtres organiques actuels; mutilés, délocorés, souvent informes, ces restes de créations primitives ont été longtemps considérés comme des jeux de la nature.

Le feu central est-il une hypothèse fort ancienne?

Le feu central est une hypothèse fort ancienne admise par *Descartes*, développée par *Leibnitz*, par *Buffon*, et confirmée, depuis les travaux de ces grands hommes, par une foule de faits dont voici les principaux:

1° Quand on descend dans l'intérieur d'une mine, on sent que la température s'élève d'une manière appréciable, et qu'elle s'accroît avec la profondeur de la mine.

2° La haute température des puits artésiens, lorsqu'ils sont profonds, témoigne de l'accroissement de la chaleur dans l'intérieur du globe.

3° Les eaux thermales qui sourdent du sol ont parfois une chaleur qui dépasse 100°, comme on le voit au grand Geyser de l'Islande.

4° Les volcans modernes sont une visible démonstration de la réalité du feu central. Les gaz échauffés, la lave liquide et rouge de feu qui s'échappent de leurs cratères prouvent bien que les parties profondes de la terre sont à une température prodigieusment élevée.

5° Les dégagements de gaz et de matières brûlantes, par les fissures accidentelles du sol, qui souvent accompagnent les tremblements de terre, établissent encore l'existence d'un centre incandescent à l'intérieur de notre globe.

La terre a-t-elle été primitivement un corps solide ?

L'aplatissement de la terre aux pôles et son renflement à l'équateur prouvent qu'elle a passé par un état fluide ou pâteux. En effet, une masse de consistance pâteuse qui serait animée d'un mouvement de rotation, comme l'est effectivement la terre, ne conserverait pas sa forme sphérique, mais tendrait à s'aplatir vers les pôles, tandis que, dans une sphère solide, aucune déformation de ce genre ne se manifesterait.

D'une autre part, puisqu'une chaleur centrale, capable de fluidifier toutes les substances pierreuses ou métalliques est bien démontrée, nous devons penser qu'à une profondeur qui n'est pas très-considérable, la terre est à l'état de fusion ignée, et que c'est la surface seulement de cette masse fluide qui, s'étant solidifiée par le refroidissement, constitue une sorte de croûte ou de pellicule, d'une épaisseur proportionnelle très-minime. Sur un globe ordinaire, elle serait de l'épaisseur d'une feuille de papier.

MODIFICATIONS DE LA SURFACE DU GLOBE, PAR SUITE DE L'ÉTAT LIQUIDE DE SES PARTIES CENTRALES.

Quelles furent les premières modifications?

En admettant l'origine ignée de notre globe, et en supposant que la masse incandescente se soit refroidie peu à peu, les parties intérieures se concrétaient aussi, et par suite de leur solidité, diminuaient de volume, et n'étaient plus en rapport avec leur enveloppe extérieure. De là, des rides, des plis, des affaissements qui ont amené de grandes inégalités dans le relief du sol, et ont produit ce que nous nommons des *chaînes de montagnes.*

D'autres fois, la croûte solide du globe, au lieu de se rider, se rompait, et il se produisait d'énormes fissures. Les substances liquides de l'intérieur s'échappaient par ses ouvertures béantes, et en se refroidissant, se consolidaient et formaient des montagnes de hauteur variable. Les fissures plus étroites livraient passage, à travers les terrains déjà constitués, à de longues traînées de matières diverses, désignées sous le nom de *filons.*

Enfin, il arrivait qu'au lieu de matières fondues, telles que les granits et les composés métallifères, il s'échappait à travers les fractures du globe, de véritables fleuves d'eaux bouillantes, chargées en abondance de divers sels minéraux, c'est-à-dire de *silicates*, de *composés calcaires* ou *magnésiens*. Ces sels, en se séparant du liquide qui les avait apportés, se déposaient et composaient ainsi des terrains fort étendus, nommés *terrains de sédiment*.

Qu'arrivait-il après ces bouleversements ?

Après ces bouleversements, venaient des périodes de calme, pendant lesquelles les débris arrachés par les eaux sur certains points des continents, étaient transportés par les courants en d'autres endroits. En se déposant, ces matériaux hétérogènes accumulés finissaient par former de nouveaux terrains, appelés *terrains de transport*.

Telle est, en résumé, l'origine des *montagnes*, celle des *roches éruptives*, *des filons métalliques*, et enfin celle des *terrains de transport*.

Ces quatre phénomènes :

1° *Emission des matières ignées ;*

2° *Emergence d'eaux thermales chargées de sels ;*

3° *Décomposition des roches superficielles par les eaux des mers et par les eaux pluviales ;*

4° *Production de dépôts sédimentaires ;* ont toujours marché de front pendant les périodes géologiques qui se sont succédé jusqu'à nos jours.

D'après ce que nous venons de dire, on peut diviser les parties minérales qui composent notre globe en trois groupes :

1° *Les terrains cristallisés*, partie de la croûte terrestre primitivement liquide, par suite de la chaleur du globe, et solidifiée à l'époque de son refroidissement.

2° *Les terrains sédimentaires*, provenant des matières minérales diverses déposées par les eaux de la mer, telles que la *silice*, les *carbonates de chaux* et de *magnésie*. On appelle *roches métamorphiques* celles qui ont été modifiées par l'action de la chaleur, tels sont certains *marbres*, le *gneiss*.

3° *Les terrains éruptifs*, cristallins comme les premiers, et formés à toutes les époques géologiques, par l'éruption ou l'éjection à travers tous les terrains, de la matière liquide qui occupe les parties intérieures de notre globe.

Comment peut-on connaître l'âge relatif des diverses masses minérales?

Les masses minérales qui constituent les terrains sédimentaires affectent un ordre constant de superposition qui indique leur âge relatif. La structure minéralogique de ces couches, les fossiles qu'elles renferment, leur impriment des caractères qui permettent de distinguer chaque strate de celle qui la précède ou de celle qui la suit. Si ces dépôts étaient régulièrement superposés sur tous les points du globe, la géologie serait une science facile, mais par suite des fréquentes éruptions des *granits*, des *porphyres*, des *trachytes*, des *basaltes* et des *laves*, ces couches sont souvent interrompues, brisées et remplacées par d'autres, et rarement la série régulière des terrains se trouve dans son ordre complet. Ce n'est qu'en combinant les observations recueillies par les géologues de tous les pays, qu'on est parvenu à classer, suivant leur ancienneté relative, les diverses couches composant l'écorce solide de la terre.

Faites-en l'énumération, en allant de l'intérieur à la superficie du globe.

Terrains primitifs.

Terrains de transition.	T. Dévoniens. T. Siluriens. T. Carbonifères. T. Permiens.
Terrains secondaires.	T. Triasiques. T. Jurassiques. T. Crétacés.
Terrains tertiaires.	T. Eocènes. T. Miocènes. T. Pliocènes.

Terrain quartenaire ou moderne.

Qu'y a-t-il à étudier sur le globe terrestre?

Il y a à étudier 1° l'histoire de la formation de notre globe, formation dont nous n'avons dit qu'un mot; 2° quels sont les principaux terrains qui le composent actuellement, et 3° quelles sont les diverses générations d'animaux et de plantes qui se sont succédé et remplacées sur la terre, avant l'apparition de l'homme.

FORMATION DU GLOBE TERRESTRE.

A qui appartiennent les théories que nous allons développer?

Les théories que nous allons développer, et qui considèrent la terre comme une nébuleuse passée à l'état solide, appartiennent au mathématicien *Laplace*. Comme elles s'appuient sur les lois de l'Astronomie, de la Physique et de la Chimie, elles méritent d'être étudiées.

Parlez de l'origine de la terre.

Portée à une température excessive, la masse gazeuse qui constituait alors la terre, et circulait autour du soleil, selon les lois de la gravitation universelle, était soumise aux forces qui régissent les autres substances matérielles. Elle se refroidissait, elle cédait graduellement une partie de sa chaleur aux régions au milieu desquelles elle traçait le sillon de son orbite. Cet abaissement continu de température, amena l'astre, primitivement gazeux, à l'état liquide, et il prit alors la forme sphéroïdale, propre à tout corps liquide ou pâteux, soumis à un mouvement incessant de rotation.

La terre n'accomplit-elle qu'un mouvement de translation autour du soleil?

Elle exécute, en même temps, sur son axe, une révolution uniforme, qui donne l'alternance des jours et des nuits. Or, l'expérience confirmé qu'une masse liquide, en mouvement sur elle-même, se renfle vers l'équateur de la sphère, et s'aplatit vers les pôles. Voilà pourquoi notre globe passa d'une forme primitivement sphérique à celle d'un ellipsoïde aplati à ses deux extrémités.

Les substances gazeuses qui composaient la masse terrestre, passèrent-elles toutes à l'état liquide?

Non, quelques-unes demeurèrent gaz ou vapeurs, et formèrent autour du noyau incandescent une enveloppe ou atmosphère, nullement comparable à celle qui nous environne. Elle contenait, à l'état de vapeurs, la masse énorme des eaux qui forment nos mers actuelles.

Le flux et le reflux auxquels elle obéissait en vertu de sa liquidité, accéléra son refroidissement, et il se produisit des couches de matières concrètes qui d'abord flottèrent, puis finirent par se souder et par envelopper, de toutes parts, les parties intérieures encore liquides, dont la solidification ne devait se faire que plus tard.

Parlez des premières convulsions du globe.

La couche terrestre primitive, formée comme nous venons de l'indiquer, ne pouvait résister aux vagues de cette océan intérieur de feu. Aussi, qui oserait peindre les sublimes horreurs de ces mystérieuses convulsions de notre sphère ! Des torrents de matières brûlantes, mêlées de gaz, soulevaient et perçaient la croûte terrestre; c'est alors que se formèrent les premières montagnes, et que s'élancèrent les filons qui traversent les terrains primitifs, et constituent aujourd'hui de précieux gisements de métaux, tels que le cuivre, le zinc, l'antimoine, le plomb.

Cependant, une époque arriva où la température de la terre ne put plus maintenir à l'état de vapeurs, les énormes masses d'eau qui flottaient vaporisées dans l'atmosphère. Ces vapeurs devinrent de véritables pluies d'eaux bouillantes qui, elles-mêmes, réduites en vapeurs, s'élevaient jusqu'aux régions glaciales de l'espace, et retombaient condensées, pour subir avec une décroissance graduée, les mêmes changements, jusqu'à ce que fût achevée la lutte suprême du feu et de l'eau victorieuse.

TERRAIN PRIMITIF.

Quelle est la roche qui forme la 1re couche du globe.

C'est le *granit* sur lequel reposent tous les autres terrains. Il constitue la charpente de la terre. Le *feldspath,* qui entre dans sa composition, est un minéral que l'eau ou l'acide carbonique décompose facilement. Les eaux bouillantes qui tombaient sur les hauteurs, et se précipitaient le long de leurs flancs désagrégeaient les éléments qui constituent le feldspath et le mica, et finirent par former d'immenses bancs d'argile et de sables quartzeux. Ce furent les premiers terrains déposés par les eaux.

Outre le granit, que peut-on reconnaître dans les terrains primitifs?

Outre le granit, on peut reconnaître dans les terrains primitifs trois assises distinctes : les *micaschistes*, les *gneiss* et les *schistes chloriteux*.

L'assise des *micaschites* présente, comme élément essentiel, le minéral brillant, foliacé, élastique et transparent qui porte le nom de *mica*. C'est lorsqu'il est agrégé en grandes masses schisteuses qu'on lui donne le nom de micaschistes.

On appelle gneiss une variété de granit, dans laquelle le mica prédomine. Cette roche est feuilletée et très-friable.

Les assises des micaschistes et des gneiss paraissent former les quatre cinquièmes de l'écorce solide du globe. On les trouve en France dans le *Lyonnais*, le *Limousin*, la *Lozère*, les *Cévennes*, l'*Auvergne*, la *Bretagne*, la *Vendée*, les *Vosges*, *etc.* Maigre pour l'agriculture, mais fécond pour le mineur, cet étage est riche en métaux. On y trouve de l'or, de l'argent, du cuivre, de l'oxyde d'étain, du fer, des pierres précieuses.

L'étage des schistes chloriteux a pour minéral caractéristique la chlorite, substance écailleuse d'un vert plus ou moins sombre.

Les terrains primitifs stratifiés ne contiennent aucun débris de corps organisés; car, à cette époque, la vie n'avait pu se manifester sur le sol brûlant de notre planète.

ÉPOQUE DE TRANSITION.

La terre se refroidissait-elle toujours?

Oui, la terre se refroidissait toujours, et d'autre part, la continuité des pluies purifiait son atmosphère. Dès lors les rayons du soleil moins voilé, purent arriver à sa surface; sous leur influence, la vie ne tarda pas à éclore: « *Sans la lumière,* a dit l'illustre Lavoisier, *la nature était sans vie, elle était morte et inanimée.* » *Un Dieu bienfaisant, en apportant la lumière, a* » *répandu à la surface de la terre l'organisation,* » *le sentiment et la pensée.* » Nous allons, en effet, assister à la création des êtres vivants. Nous allons voir, sur notre planète, dont la température était à peu près celle de notre zone équatoriale, naître quelques plantes, quelques animaux. Ces premières générations seront remplacées par d'autres plus élevées, jusqu'à ce qu'enfin le dernier terme de la création, l'homme intelligent, apparaisse sur la terre.

Pendant presque toute la période de transition, les plantes sont déjà en nombre considérable, et les animaux se montrent à peine. C'est dans les eaux que la vie a commencé par l'apparition d'espèces nombreuses et variées.

Comment les géologues divisent-ils l'époque de transition?

Ils la divisent en trois périodes: *silurienne*, *dévonienne* et *carbonifère*.

Pourquoi la période silurienne est-elle ainsi nommée?

Elle est ainsi nommée, parce que le terrain qui a formé alors les sédiments maritimes est fort étendu dans le *Shrospshire*, en Angleterre, région habitée autrefois par les *Silures*.

Ce terrain se trouve dans quelques départements du Nord-Est de la France. La roche la plus remarquable forme les *schistes ardoisiers* qui servent à la toiture de nos demeures.

Dans quel pays apparaît le terrain de la période dévonienne?

Il apparaît très-nettement et avec beaucoup d'étendue dans le *Devonshire*, en Angleterre. Il se compose de schistes, de grès, de divers calcaires. On le trouve dans l'Ouest et le Midi de la France. Il constitue le vieux grès rouge, dit *grauwake*, qui renferme aussi en abondance des matières charbonneuses, qui tantôt sont disséminées dans les schistes, tantôt constituent des masses plus ou moins volumineuses, d'une matière connue sous le nom d'*anthracite*.

Parlez de la faune et de la flore des deux dernières périodes.

Le terrain silurien inférieur renferme des vestiges d'un assez grand nombre d'espèces animales, ce qui prouve que les mers étaient déjà assez peuplées. La classe des crustacés était ce qui dominait à cette époque. Leurs formes, des plus singulières, et tout-à-fait différentes de celles des crustacés actuels, méritent notre attention. La plupart appartenaient à la famille des *trilobites*, Fig. 1, pl. 1, entièrement disparue aujourd'hui. Ces animaux présentaient, en général, un bouclier ovale composé d'une série d'articulations ou articles. Plusieurs de ces trilobites pouvaient se rouler en boule et nageaient sur le dos. L'étrange crustacé, nommé l'*Eurypterus remipes*, Fig. 2, a été trouvé dans les terrains siluriens de l'Amérique et de l'Angleterre.

Parmi les plantes marines, on a trouvé quelques espèces d'*Algues*, Fig. 3, que l'on rapporte au genre *fucoïdes*.

Dans le terrain dévonien, les poissons tinrent le premier rang. Ils étaient pourvus d'une sorte de cuirasse; de là, leur nom de *ganoïdes* ou cuirassés. Ces animaux étaient en grand nombre; les plus connus étaient le *Ptérichthys* et le *Céphalaspis*, Fig. 5 et 6.

On trouve encore, dans cette période, des éponges, des polypes et des *Encrines*, Fig. 10, pl. 2, animaux étranges qui vivaient attachés au sol, la bouche en haut, et ressemblant à des arbustes.

Les plantes de la période dévonienne tenaient à la fois des mousses et des lycopodes. L'arbuste élégant qui porte le nom d'*Astérophyllite*, Fig. 14, doit être rangé dans cette famille.

PÉRIODE CARBONIFÈRE.

Quelle période succède à la période dévonienne?

A la période dévonienne, succéda, dans

l'histoire de notre globe, la période carbonifère. C'est dans les terrains qui ont pris naissance à cette époque, que nous trouvons la houille ou charbon de terre. Elle n'est autre que la propre substance des plantes qui composaient les forêts de l'ancien monde, décomsées par la double action de la chaleur et de l'humidité, pendant une période géologique qui a dû être d'une immense durée, vu l'épaisseur considérable des terrains qui la représentent aujourd'hui.

Que peut-on remarquer comme caractère particulier de la végétation à cette époque ?

Ce qu'on peut remarquer comme caractère frappant de la végétation, pendant la période carbonifère, c'est le développement prodigieux qu'elle présente. Les *Fougères* qui, de nos jours, ne sont le plus souvent que des herbes vivaces, s'offraient comme arbres d'un port élevé. Nos *Equisetums*, appelés vulgairement *Prêles*, ou queue de cheval, atteignaient 7 ou 8 mètres d'élévation. Ceux dont les troncs se sont conservés portent le nom de *Calamites*. Les *Lycopodes* de nos jours sont d'humbles plantes rampantes; celles de l'ancien monde, à en juger par leurs débris, devaient avoir 25 à 30 mètres. Aucun fruit apparent, propre à servir à la nourriture, ne se montre sur les rameaux de ces géants du règne végétal.

Quelle est la faune de cette période ?

Les animaux terrestres n'existaient pas encore ; les mers seules étaient peuplées ; cependant, quelques insectes ailés animaient les airs, en y étalant leurs couleurs diaprées.

Que faut-il faire pour décrire avec exactitude la période carbonifère ?

Pour décrire avec exactitude la période carbonifère, il faut la diviser en deux sous-périodes :

1° La sous-période du calcaire carbonifère ;
2° La sous-période houillère.

TERRAIN CALCAIRE CARBONIFÈRE.

Que renferme ce terrain ?

Ce terrain renferme de la houille, en quantité moindre que le terrain houiller, et il forme en Angleterre de hautes montagnes. En Belgique, et dans le nord de la France, il fournit des marbres communs. Une variété, extraite de *Régneville*, est estimée. De grandes veines jaunes y courent sur un fond noir. Mais la plupart de ces calcaires sont d'une couleur grise, bleuâtre ou noirâtre.

SOUS-PÉRIODE HOUILLÈRE.

Comment est formé le terrain houiller ?

Le terrain houiller est formé de couches successives, plus ou moins puissantes, composées de grès divers, nommés grès houillers, d'argiles et de schistes, parfois bitumineux et inflammables, et enfin de houille. Ces trois roches forment entre elles des strates, qui alternent jusqu'à 150 fois.

Quelle est la roche constituante de ce terrain?

Le carbonate de fer peut être considéré comme la roche constituante de ce terrain. Il est très-répandu sur certains points de l'Angleterre. En France, il ne présente que des rognons intermittents; cependant, Saint-Etienne et Alais ont pu établir des usines pour l'extraction et l'exploitation simultanées de la fonte et du fer.

Le bassin houiller de la Belgique et du nord de la France est très-considérable. Des couches puissantes sont exploitées à *Commentry*, *Brassac*, *Decazeville*, *Aubin* et la *Grand'Combe*.

Dans quelle position se trouvent les couches de houille?

Les couches de houille sont rarement dans la position horizontale; elles sont, en général, très-tourmentées par suite des nombreuses dislocations qu'elles ont subies. On les voit rompues par des failles, contournées, parfois repliées sur elles en zigzags, Fig. 7, planche 3.

Vous avez parlé de stratification et des failles, expliquez ces expressions.

On nomme stratification l'arrangement par couches successives des différents dépôts sédimentaires qui se sont formés les uns après les autres. Elle se nomme concordante, lorsque les couches sont parallèles, que leur position soit horizontale ou inclinée, Fig. 8.

Lorsque des couches de terrain se rompent par l'effet d'un soulèvement intérieur, l'endroit de la rupture se nomme Faille, Fig. 6.

PÉRIODE PERMIENNE.

D'où cette période tire-t-elle son nom?

Cette période tire son nom du gouvernement de Perme, en Russie, où elle se montre dans toute sa puissance. Le terrain qu'elle forme dans cette contrée offre des affleurements de gypse et de sel qu'on exploite en grand. Alors, de larges ouvertures se produisirent dans l'épaisseur de la croûte consolidée, et des matières pâteuses se firent jour et s'élevèrent lentement à l'extérieur en formant des dômes qui offrent assez exactement l'aspect d'un dé à coudre. Le porphyre et la syénite sont les substances qui produisirent ces éminences.

Les mers couvraient une grande partie de la place occupée par les Vosges; elles communiquaient avec l'Océan qui couvrait le centre de l'Angleterre et de la Russie. Outre les animaux des temps antérieurs, elles renfermaient un genre de reptiles assez semblable à nos crocodiles, des poissons ganoïdes, et plusieurs espèces de *Spirifers* et de *Productus*, Fig. 9, pl. 2.

Les grands végétaux propres à cette période sont les *Lépidodendrons*, les *Calamites*, les *Fougères* et le *Walchia*, pl. 2.

Comment divise-t-on les dépôts sédimentaires de cette période?

On divise les dépôts sédimentaires de cette période en trois étages : 1° le *nouveau Grès rouge*; 2° le *Zchstein*; 3° le *Grès des Vosges.*

1° Le nouveau grès rouge offre une épaisseur moyenne de 100 à 200 mètres, il ne renferme que de rares fossiles : ce sont des troncs de conifères, quelques empreintes de fougères et de calamites. Cette roche existe dans une grande partie de l'Allemagne, en Angleterre et dans les Vosges.

2° Le zchstein (pierre de mine), ainsi appelé par les Allemands à cause des nombreux gisements métallifères que l'on y rencontre, surtout en Allemagne. Il se compose de calcaires magnésiens, argilifères et bitumineux.

3° Le grès des Vosges, habituellement rouge, et dont l'épaisseur peut aller jusqu'à 150 mètres, compose toute la partie septentrionale des Vosges.

ÉPOQUE SECONDAIRE.

Comment les géologues ont-ils divisé l'époque secondaire ?

Les géologues s'accordent à diviser l'époque secondaire en trois périodes, les périodes *Triasique*, *Jurassique* et *Crétacée* que nous allons étudier séparément.

PÉRIODE TRIASIQUE.

La période triasique fut ainsi nommée par les anciens géologues, parce qu'ils la divisaient en trois étages, mais elle peut être étudiée sous deux groupes principaux :

1° *La sous-période conchylienne* ;
2° *La sous-période salifèrienne.*

Quels sont les animaux de cette nouvelle époque?

Les animaux de cette nouvelle phase diffèrent beaucoup de ceux qui appartiennent à l'époque de transition. Les curieux crustacés que nous avons décrits ont disparu, et nous voyons les poissons ganoïdes pour la dernière fois. Le règne des *Ammonites*, Fig. 9, pl. 3, commence, nous le verrons dans la période suivante, à prendre un développement prodigieux. Les *tortues* commencent à apparaître au sein des mers ou sur le bord des lacs. Les reptiles sauriens de taille médiocre précèdent d'autres sauriens, dont la charpente offre de telles proportions et une telle étrangeté qu'elle saisit d'étonnement ceux qui contemplent ces restes gigantesques, et pour ainsi dire, menaçants.

La végétation subit-elle aussi de grandes modifications?

Oui, la végétation se modifia également. Les cryptogames, qui étaient à leur maximum de développement dans les terrains de transition, furent alors moins nombreux, tandis que les conifères prirent une certaine extension.

TERRAIN CONCHYLIEN.

De quoi se compose cet étage?

Cet étage se compose :

1° Des *Grès bigarrés*, qui fournissaient à l'Allemagne des matériaux de construction. La cathédrale de Strasbourg et celle de Fribourg sont construites avec cette roche, dont les teintes sombres s'allient bien avec la grandeur et la majesté de l'architecture gothique. Les grès bigarrés contiennent beaucoup de végétaux, peu de débris animaux. Cependant, on y rencontre les empreintes d'un saurien, le *Labyrinthodon.*

2° De *Calcaire compacte* qui renferme une telle quantité de bélemnites, Fig. 2, 3, pl. 4, de térébratules et de coquilles de différents genres, qu'on l'a nommé calcaire coquillier.

Le terrain conchylien est réduit, en France, à l'étage des grès bigarrés, excepté autour des Vosges, où il est accompagné du calcaire coquillier.

TERRAIN SALIFÉRIEN.

Pourquoi ce terrain porte-t-il ce nom?

Ce terrain, d'une étendue assez médiocre, porte le nom de saliférien, parce qu'il est caractérisé par la présence de gisements considérables de sel marin, dont on ne peut attribuer l'origine qu'à l'évaporation de grandes quantités d'eau de mer introduite dans des dépressions, que les dunes séparaient de la mer.

De quoi se compose ce terrain?

Ce terrain se compose d'un grand nombre de couches argileuses et marneuses, irrégulièrement colorées en rouge, jaune, bleuâtre ou verdâtre, et pour cela nommées marnes irisées. Ces couches alternent souvent avec des grès diversement colorés. Mais ce qui le caractérise avant tout, ce sont ses couches de sel gemme, de 8 à 10 mètres d'épaisseur, qui alternent avec les couches d'argile.

Quelle est la flore saliférienne?

Elle se compose de fougères, d'équisétacées et de hauts conifères.

Où se montre le terrain saliférien?

Il apparaît en Suisse, en Allemagne, en Angleterre et en France, où il est exploité à Dieuse (Meurthe).

PÉRIODE JURASSIQUE.

Pourquoi nomme-t-on ainsi cette période?

On la nomme ainsi, parce que les montagnes du Jura, en France, sont en grande partie composées de terrains que les mers ont alors déposés.

On la divise en deux sous-périodes :

1° *Celle du Lias.*

2° *Celle de l'Oolithe.*

Parlez de la faune de l'époque jurassique?

A aucune époque de l'histoire de la terre, les reptiles n'ont tenu une aussi grande place et n'ont joué un rôle aussi important. Nos sauriens actuels ne sont, pour ainsi dire, que l'ombre et la miniature des puissantes races de l'ancien monde. Nous ne citerons que les plus connus:

l'*Ichthyssaurus*, le *Plésiosaurus*, Fig. 7, pl. 4, et le *Ptérodactyle*, Fig. 1.

Quant aux mollusques et aux zoophytes dont les débris sont ensevelis dans les terrains-jurassiques, ils forment à eux seuls des couches entières d'une immense profondeur.

Dites un mot de la flore jurassique ?

Rien dans la période actuelle ne peut rappeler la riche végétation qui décorait les rares continents de cette époque. Une température encore très-élevée, une atmosphère constamment humide provoquaient une végétation luxuriante, dont quelques îles tropicales du monde actuel, avec leur température brûlante et leur climat maritime, peuvent seules nous donner l'idée, et même nous rappeler les types botaniques. Les troncs déliés des prêles se dressaient dans les airs en panaches élégants, les roseaux étaient gigantesques, les fougères diminuaient leurs colossales dimensions, et la famille des Cycadées se montrait pour la première fois au jour. Les Zamites, arbres d'un port élégant, apparaissaient en précurseurs des palmiers.

TERRAIN DU LIAS.

Les terrains qui représentent actuellement la période liasique forment la base du terrain jurassique, et ont une épaisseur moyenne d'environ 100 mètres. A la partie inférieure, on trouve des sables, des grès fins et quartzeux, et des calcaires argilifères.

TERRAIN DE L'OOLITHE.

Pourquoi cette sous-période a-t-elle reçu le nom d'oolithique?

Cette sous-période a reçu le nom d'oolithique, parce que plusieurs des calcaires qui entrent dans la composition de ses terrains, résultent presque entièrement de l'agrégation de petits grains, ronds, concrétionnés, qui rappelle les œufs de poissons; de là, son nom qui signifie œufs de pierre. Elle se divise en trois sections :

1° L'oolithe inférieure.
2° L'oolithe moyenne.
3° L'oolithe supérieure.

1° L'étage de l'oolithe inférieure se rencontre en Normandie, dans les Basses-Alpes, aux environs de Lyon, etc. Près de Bayeux, il est remarquable par la beauté de ses fossiles. Ce terrain se compose de calcaire jaunâtre ou rougeâtre, chargé d'hydrate de fer, souvent oolithique. Ces dépôts sont surmontés d'alternance d'argile et de marne, auxquelles on a donné le nom de terre à foulon, parce qu'elles servent à dégraisser les draps qui sortent des fabriques.

2° L'oolithe moyenne se présente en Normandie. Elle constitue l'argile de Dives, renommée par ses gras pâturages. Elle est comme pétrie de mollusques fossiles. La même couche est la base de ces magnifiques rochers bizarrement découpés sur les côtes de la Manche, et que l'on appelle *Vaches noires*.

L'assise calcaire d'Oxfort et l'assise corallienne appartiennent à l'oolithe moyenne.

3° L'oolithe supérieure présente encore des argiles et des calcaires dont une variété est exploitée dans l'île Portland pour les constructions de Londres. On trouve dans ce terrain une couche de terre végétale analogue à celle de notre époque actuelle. L'épaisseur de cet humus, est de 30 à 45 centimètres. De couleur noirâtre, il contient une forte portion de lignite terreux. On y trouve enfouis des troncs de conifères, fossilisés sur l'emplacement même où elles ont végété. Ce sol est nommé la *Couche de boue*, de l'île Portland, Fig. 2, pl. 5.

Quels sont les animaux de la sous-période oolithique ?

Le trait le plus saillant de cette époque est l'apparition sur le globe d'animaux appartenant à la classe des mammifères. La faune marine comptait des reptiles, des poissons, des mollusques et des zoophytes. Les insectes s'y montrent pour la première fois : ce sont des punaises, des abeilles, des papillons et de brillantes libellules. Les polypiers étaient alors d'une extrême abondance. Nous signalerons l'apparition du premier oiseau.

TERRAINS CRÉTACÉS.

Pourquoi cette période est-elle ainsi nommée ?

On donne à cette période le nom de crétacée, parce que les terrains que la mer a déposés à cette époque, sont presque entièrement composés de craie (carbonate de chaux).

Comment s'opéra cette formation?

Pendant les temps géologiques, la mer couvrant la surface presque entière du globe, les sources thermales chargées de sels calcaires se déchargeaient naturellement dans les eaux qui devinrent sensiblement calcaires. Les innombrables animaux qui y vivaient alors, les zoophites en particulier, et les mollusques au test solide, s'emparèrent de cette chaux pour former leur enveloppe minérale. Après la mort de ces êtres grands et petits, la matière organique disparaissait, il ne restait que la matière inorganique, le carbonate de chaux. Ces dépôts s'agglutinaient bientôt en masse unique et formaient un lit continu au fond des eaux; ces couches, s'augmentant ainsi, par la suite des siècles, ont fini par constituer nos terrains calcaires. Ceci n'est pas une conception de l'imagination, car en examinant la craie au microscope, on la trouve composée de zoophytes, de petites ammonites et surtout de foraminifères, tellement petits, que leur petitesse a dû les rendre indestructibles. 150 de ces petits êtres placés bout à bout ne formeraient pas la longueur d'un millimètre.

Le carbonate de chaux s'était fréquemment montré dans les époques antérieures; mais ici, il se présente en telle abondance, qu'il a donné son nom à cette période.

Quels furent les animaux et les végétaux de cette période?

Ce n'est pas sans surprise que l'on constate

l'immense développement, les dimensions extraordinaires que présentait à cette époque, la famille des lézards. Le *Mégalosaurus* qui devait habiter les terres était essentiellement carnivore. L'*Ignanodon*, comme l'igname actuel, portait une corne sur le nez.

Jusque-là, les paysages de l'ancien monde nous ont montré des espèces végétales qui offrent à nos regards quelque chose d'étrange et d'inconnu. Pendant la période crétacée, les palmiers apparaissent et nous pouvons maintenant saluer les arbres de nos pays, les aulnes, les charmes, les érables et les noyers.

Comment a-t-on divisé la période crétacée?

On l'a divisée en deux sous-périodes, l'*inférieure* et la *supérieure*, d'après leur ordre d'ancienneté, et les espèces animales qui leur sont propres.

SOUS-PÉRIODE CRÉTACÉE INFÉRIEURE.

Quelles sont les roches qui la composent?

Les couches de cet étage renferment des marnes, dont quelques-unes sont exploitées pour la fabrication de la tuile, des calcaires argileux, bleuâtres et feuilletés. Il offre dans l'île de Wight des grès gris et des grès ferrugineux, près du Hâvre.

On a trouvé dans cet étage, à l'embouchure de la Charente, une couche très-remarquable qui a été décrite sous le nom de *Forêt sous-marine*. On y voit, avec des arbres énormes, pourvus de leurs branches, mais couchés horizontalement, beaucoup de matières végétales et de rognons de succin ou de résine fossile.

SOUS-PÉRIODE CRÉTACÉE SUPÉRIEURE.

Quelles roches présente-t-elle ?

Cette sous-période présente des craies marneuses et des craies blanches dont on fait une peinture grossière; puis, des craies tufan et des calcaires pisolithiques. Enfin, les sables calcaires de Maëstricht, devenus si célèbres par la découverte d'un Mosasaure fossile qui occupa longtemps l'attention des savants.

ÉPOQUE TERTIAIRE.

La terre ferme n'a-t-elle pas gagné en étendue pendant cette période ?

Pendant cette période, la terre ferme a gagné en étendue sur les domaines de la mer. Sillonnés par des fleuves, les continents offraient çà et là de grands lacs, et le paysage de cette époque présentait le curieux mélange que nous avons signalé dans la période précédente, c'est-à-dire, il réunissait la végétation des temps primitifs à celle de nos jours. Les pins, les sapins, les thuyas, les ifs, les genévriers augmentaient les variétés conifères, et parmi les chênes et les ormes se dressaient de hauts palmiers d'espèces aujourd'hui disparues. Les blancs épis des graminées se détachaient sur la verdure de prairies sans limites, et semblaient provoquer le développement des insectes qui alors, en effet, se multiplièrent singulièrement. Les Prêles et les Charas croissaient dans les marais, les rivières et les étangs.

Ce n'est pas sans quelque surprise que l'on voit apparaître ici un certain nombre de plantes de notre époque, qui semblent avoir le privilége de servir de décors aux tranquilles cours d'eau. Citons, parmi ces gracieuses contemporaines, la châtaigne d'eau ou macre, qui étale sur l'eau ses belles rosettes de feuilles dentelées ; les potamots, dont les épaisses touffes de verdure offrent aux poissons une nourriture et un abri ; les fleurs jaunes du nénuphar, et les blanches corolles du nymphéa. Nous voyons que la flore tertiaire se rapproche et s'identifie presque avec celle de nos jours.

Qu'y a-t-il surtout à remarquer pendant l'époque tertiaire?

C'est la prodigieuse extension qu'y prennent les animaux; la vie animale est alors dans son plus complet développement. Des mollusques à coquilles de dimensions microscopiques, les foraminifères et les *nummulites*, encombrent les mers de telle sorte, que les débris agglomérés de leurs coquilles formeront un jour des terrains de centaines de mètres d'épaisseur. C'est le plus extraordinaire épanouissement de la vie animale qui ait encore apparu dans la série de la création.

Combien l'époque tertiaire embrasse-t-elle de périodes ?

L'époque tertiaire embrasse trois périodes bien distinctes. Les noms d'*Eocène*, *Miocène* et *Pliocene* ont prévalu.

PÉRIODE ÉOCÈNE.

Quelles sont les roches formées par la période éocène ?

Les roches formées pendant la période éocène sont parfaitement développées dans le bassin de Paris; aussi, cet étage est-il souvent désigné sous le nom de *terrain parisien*. Elles consistent en argile plastique, employée comme terre à poterie; en calcaires grossiers propres à faire des pierres de taille, et en ce que l'on appelle la formation gypseuse. C'est une longue série de couches marneuses et argileuses dans l'intervalle desquelles se trouve intercalée une puissante couche de gypse. Sa plus grande épaisseur, en France, se trouve à Montmartre et à Pantin, près de Paris.

Quelle est la faune de l'époque éocène ?

Des pachydermes tiennent le premier rang dans la faune continentale de l'époque éocène. Dans les eaux des lacs, vivent des pélicans et des tortues.

Les pachydermes fossiles les mieux connus de la période éocène sont les *Palæotheriums*, les *Anoplotheriums* et les *Xiphodons*.

PÉRIODE MIOCÈNE.

Quelles sont les roches de la période miocène?

Les roches qui ont pris naissance par les dépôts des mers pendant l'époque miocène ont été divisées en deux étages : celui de la *Molasse* et celui des *Faluns.*

Dans le bassin parisien, la molasse présente à sa base des sables quartzeux, d'une grande épaisseur, parfois micacés ou argilifères. Ils renferment des bancs de grès qui servent au pavage. A ces sables et à ces grès succède un dépôt d'eau douce, c'est un calcaire blanchâtre, appelé calcaire de la Beauce. Il s'y mêle du silex meulier, très-employé à Paris pour les constructions.

Qu'appelle-t-on faluns?

On nomme faluns diverses couches formées de coquilles et de polypiers presque entièrement brisés. On l'exploite en beaucoup de pays, notamment aux environs de Tours ou de Bordeaux, pour le marnage des terres. On a trouvé dans les faluns un certain nombre d'ossements de mammifères, tels que Mastodontes, etc.

Qu'offre de particulier la végétation de cette période?

Ce qui distingue la végétation de cette période, c'est le mélange des formes végétales propres au climat brûlant de l'Afrique équatoriale actuelle, avec des plantes qui croissent aujourd'hui dans l'Europe tempérée, telles que les palmiers, les bambous, diverses laurinées et de grandes légumineuses, propres aux pays chauds, se mêlant aux érables, aux noyers, aux ormes, aux bouleaux, aux chênes, genres propres aux régions tempérées ou froides. Outre ces plantes, il y avait encore, pendant la période miocène, des mousses, des champignons, des arbres verts, des figuiers, des platanes et des peupliers.

La végétation de cette époque, comme celle de la période houillère, par suite de l'immersion du terrain sous l'eau des marécages, a donné naissance à une sorte de houille, qui porte le nom de lignite. Les lignites éocènes et miocènes constituent un combustible qui est exploité actuellement et utilisé surtout en Allemagne, où il remplace la houille. Ces couches ont quelquefois vingt mètres d'épaisseur. On trouve dans les lignites, l'*Ambre jaune* ou *succin*, résine, altérée par le temps, qui découlait des arbres pendant l'époque tertiaire. On trouve emprisonnés dans des masses d'ambre, des insectes fossiles qui ont conservé l'éclat de leurs couleurs et l'intégrité de leurs formes.

Quelle a été la faune miocène?

La faune de cette période devint nombreuse et peu différente de nos jours. Parmi les genres éteints aujourd'hui, citons le *Dinotherium*, le plus grand des mammifères; il semble annoncer les éléphants, dont il avait la trompe et les mœurs paisibles. Le *Mastodonte*, moins gros que le précédent, possédait quatre défenses.

Les singes apparaissent, et les mers se peuplent de 90 genres de poissons jusqu'alors inconnus.

PÉRIODE PLIOCÈNE.

Quels sont les divers noms des terrains de cette période?

On donne en Angleterre le nom de *Crag*, et en Italie, celui de terrain *Subapennin*, aux dépôts formés pendant la période pliocène. Ces terrains consistent en une série de couches marines de sables quartzeux, colorées en rougeâtre par des matières ferrugineuses.

L'étage du crag forme sur divers points de l'Europe, de grandes accumulations. En Belgique, à *Anvers*; en France, à *Perpignan*, et dans le *bassin du Rhône*. Le plus puissant de ces dépôts constitue les *Collines subapennines* de l'Italie. Les sept collines de Rome paraissent composées en partie de couches marines tertiaires, appartenant à la période pliocène.

Comment a été marquée cette dernière période de l'époque tertiaire?

Elle a été marquée, dans quelques parties de l'Europe, par de grands mouvements dans l'écorce terrestre, toujours dus à la continuation du refroidissement du globe. Ce refroidissement qui faisait passer à l'état solide les parties fluides de l'intérieur du globe, amenait des rides de l'écorce terrestre, quelquefois accompagnées de cassures, par lesquelles s'épanchaient les matières internes. Pendant la période pliocène, plusieurs chaînes de montagnes ont été formées en Europe par des éruptions. Nous en traiterons plus tard.

Parlez de la faune et de la flore pliocène.

Une différence importante distingue la flore pliocène de celle des époques antérieures : c'est l'absence, dans les parages européens, de la famille des Palmiers, abondante dans la période miocène. Les Amentacées et les Conifères sont les groupes dominants.

Les animaux nous présentent des êtres remarquables par leurs proportions et leur structure, tels que le *Mastodonte*, le *Sivatherium*, cerf gigantesque, la *Salamandre gigantesque*. Les mers se peuplent pour la première fois de cétacés, ou mammifères marins.

ÉPOQUE QUATERNAIRE.

Quelle est la durée de l'époque quaternaire ?

L'époque quaternaire de l'histoire de notre globe commence après l'époque tertiaire et se continue jusqu'a nos jours. La tranquillité de la terre ne sera plus troublée que par quelques cataclysmes, et un trouble passager qui surviendra dans sa température : les déluges et la période glaciaire sont les deux particularités remarquables que l'on doit citer.

La végétation de l'époque quaternaire n'est autre que celle de notre époque. La flore et la faune sont la flore et la faune actuelles. Seulement, il existait quelques espèces animales maintenant éteintes, entr'autres le *Mammouth*, sorte d'éléphant de 5 à 6 mètres de hauteur, et quelques édentés gigantesques : le *Glyptodon*, le *Megatherium* et le *Mastodonte*.

DILUVIUM.

De quoi sont recouverts les terrains tertiaires?

Les terrains tertiaires sont recouverts d'une couche de débris hétérogènes qui remplissent les vallées. Cette couche est composée d'éléments très-divers, mais provenant toujours de fragments détachés de roches environnantes. On nomme diluvium le terrain remué et bouleversé qui accuse à nos yeux le rapide passage de l'impétueux courant des eaux. Plusieurs inondations, occasionnées par des soulèvements et des ruptures, plusieurs torrents dévastateurs survenus par des fractures subites du sol, sont antérieurs à l'apparition de l'homme sur la terre. L'un d'eux fut le résultat du soulèvement des Alpes. Ils creusèrent de profonds sillons qui se remplirent peu à peu de terrains meubles. La ville de Paris est bâtie sur un terrain de transport, dont l'origine violente est attestée par la grosseur des blocs qu'il renferme.

Quels sont les fossiles que renferment les terrains diluviens?

Ces fossiles consistent en coquilles terrestres,

et en restes de mammifères. Ces restes, on les retrouve accumulés en quantités extraordinaires dans des espaces ou cavités, connues sous le nom de *Cavernes à ossements* ou *brèches osseuses*.

N'a-t-on pas voulu expliquer les terrains de transport de deux manières?

Oui, on a voulu les expliquer par l'action des courants ou déluges dont nous venons de parler, et par l'action de glaciers immenses qui auraient transporté à des distances considérables les énormes blocs, nommés *blocs erratiques*. Cette dernière théorie n'est pas suffisamment prouvée.

La terre a traversé bien des phases depuis l'instant où, selon l'expression des livres saints, « *elle était informe et toute nue; où les ténèbres* » *couvraient la face de l'abîme, où l'esprit de* » *Dieu était porté sur les eaux.* » Nous sommes arrivés au couronnement de l'édifice, à la création de l'homme. Pour annoncer dignement ce nouvel habitant de la terre, il ne faut rien moins que la langue vénérée de Moïse :

« *L'Eternel dit ensuite : Faisons l'homme à notre* » *image et à notre ressemblance, et qu'il com-* » *mande aux poissons de la mer, aux oiseaux du* » *ciel, aux bêtes, à toute la terre.* »

Quel est le dernier cataclysme qui a bouleversé le globe?

C'est le déluge dont l'histoire sacrée nous a conservé le souvenir. Ecoutons le récit de cet

événement donné par Moïse dans la Genèse:
« *L'an 660 de la vie de Noé*, dit Moïse, le dix-sep-
» tième jour du second mois de la même année,
» les sources du grand abîme des eaux furent
» rompues, et les cataractes du ciel furent
» ouvertes.

» Et la pluie tomba sur la terre pendant
» quarante jours et quarante nuits....

» Les eaux crûrent et grossirent prodigieuse-
» ment au-dessus de la terre, et toutes les plus
» hautes montagnes qui sont sous le ciel furent
» couvertes. L'eau, ayant gagné le sommet des
» montagnes, s'éleva encore de quinze coudées
» plus haut. Toute chair qui se meut sur la
» terre en fut consumée; tous les oiseaux, tous
» les animaux, toutes les bêtes, et tout ce qui
» rampe sur la terre, tous les hommes moururent,
» et généralement tout ce qui a vie et
» respire sous le ciel:

» Toutes les créatures qui étaient sur la
» terre, depuis l'homme jusqu'aux bêtes, tant
» celles qui rampent que celles qui volent dans
» l'air, tout périt; il ne demeura que Noé seul
» et ceux qui étaient avec lui dans l'arche.

» Et les eaux couvrirent toute la terre pen-
» dant 150 jours. »

Quels sont les terrains quaternaires?

Outre les dépôts diluviens, il s'est produit, à cette époque, un certain nombre de terrains par suite des dépôts des mers et des alluvions, c'est-à-dire des atterrissements des fleuves.

ROCHES ÉRUPTIVES.

Le dépôt des terrains sédimentaires n'a-t-il pas été interrompu?

Ce dépôt a été constamment interrompu, entravé, par de violents phénomènes d'éruption, par l'injection, à travers les couches de sédiment, de roches ignées lancées de l'intérieur incandescent du globe. La croûte terrestre, en se fracturant, livrait passage à des matières en fusion qui venaient se répandre à sa surface, où elles se cristallisaient. La plupart des soulèvements et des élévations de terrain qui sont venus bouleverser les strates des couches aqueuses, ont été causés par des épanchements.

Comment classe-t-on les formations éruptives?

On les classe en deux groupes, d'après l'ordre historique de leur apparition :

1° Les *éruptions plutoniques*, qui ont produit la série, extrêmement variée, des granits de diverse nature, les syénites, les protogines, les porphyres, etc.

2° Les *éruptions volcaniques*, d'origine plus récente, qui ont donné la succession des trachytes, des basaltes et des laves modernes.

Parlez des éruptions plutoniques?

Les éruptions de granit ancien sont survenues pendant l'époque primitive. Ces roches se présentent quelquefois sous la forme de masses considérables; mais l'écorce du globe étant encore mince et perméable, devait se prêter à de fortes imbibitions granitiques : de là les gneiss. Ces granits anciens se montrent en France, spécialement dans les Vosges et en Auvergne. Fig. 1.

La syénite a surgi après le granit et souvent à côté. Sa constitution minéralogique, dans laquelle il entre ordinairement du feldspath rose, en fait une roche d'autant plus belle que l'amphibole vert s'y joint. L'obélisque du Louqsor, à Paris, et le revêtement du piédestal de la colonne Vendôme, sont en syénite.

La protogine est une sorte de granit : la chlorite y tient la place du mica.

Le porphyre est une variété de granit dont les éléments sont le quartz, le feldspath et le mica. Le porphyre rouge d'Egypte est le plus apprécié.

Comment peuvent se grouper les masses volcaniques?

Elles peuvent se grouper en trois formations distinctes :

1° Formation trachytique;
2° Formation basaltique;
3° Formation lavique.

Quand ont apparu les éruptions de trachyte?

Les éruptions de trachyte ont apparu vers le milieu de la période tertiaire. Le tissu de cette roche est poreux; leur pâte blanche, grise, noi-

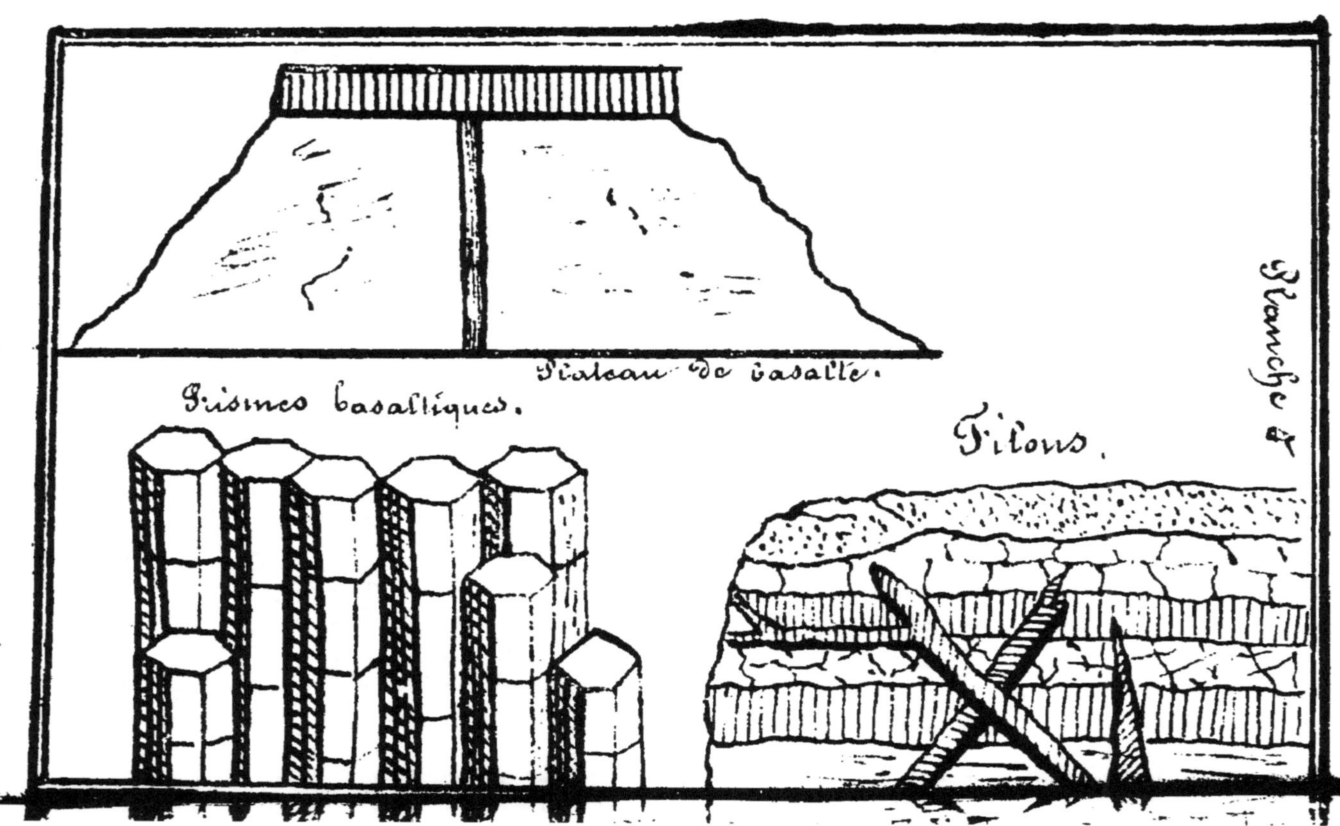
Planche 8
Plateau de basalte.
Prismes basaltiques.
Filons.

râtre, jaunâtre, présente des cristaux disséminés de feldspath, d'amphibole et de mica.

Dans le centre de la France, le trachyte forme les trois centres montagneux les plus élevés : le groupe du *Cantal*, celui des *Monts Dores* et la chaîne du *Velay*.

Quelle est l'époque de la formation basaltique ?

Les éruptions basaltiques ont apparu pendant les périodes secondaire et tertiaire. Cette lave, noire et compacte, est essentiellement pyroxénique. Elle a parfois formé des plateaux. Fig. 2.

Un des caractères les plus frappants des basaltes, c'est leur structure souvent prismatique, et leur agencement en colonnades perpendiculaires. Fig. 3. Le Velay, le Vivarais et l'Ardèche sont remplies de chaussées basaltiques nommées généralement *Chaussées des géants*. La grotte de Fingal, dans l'île de Staffa, a de magnifiques colonnes basaltiques.

Que comprend la formation lavique ?

La formation lavique comprend les volcans éteints et les volcans actuellement en activité.

La première formation est représentée en France, principalement par environ 50 cônes volcaniques, hauts de 200 à 300 mètres, composés de scories et de pouzzolanes, alignés sur un plateau granitique qui domine la ville de Clermont-Ferrand. C'est la Chaîne des Puys.

Nous traiterons des volcans en activité en

expliquant les phénomènes géologiques actuels.

FILONS MÉTALLIFÈRES.

Outre les roches éruptives dont nous venons de parler, n'y a-t-il pas des dépôts secondaires?

Oui, indépendamment des grandes masses éruptives, la croûte solide du globe renferme une multitude de dépôts qui n'ont qu'une importance géologique secondaire et qui se sont constitués postérieurement aux terrains où ils gisent. Ce sont les filons métallifères, Fig. 4, dans lesquels on trouve une grande partie des richesses minérales du globe. Ils ne diffèrent des filons granitiques, basaltiques et autres que par la nature des matières dont ils sont composés. Ces matières plus résistantes que les roches environnantes, peuvent persister, alors même que celles-ci ont été désagrégées par les influences atmosphériques, et rester comme une muraille au milieu de la plaine. On désigne ces sortes de digues sous le nom de Dikes, qu'on applique aussi aux filons eux-mêmes.

A quoi donne-t-on le nom de minerais?

On donne le nom de *minerais* aux substances dont on extrait les métaux. La disposition du dépôt métallifère se nomme *gisement*, et on appelle *gangue* la roche dans laquelle le métal se trouve engagé.

Tantôt les dépôts métallifères affectent la forme de couches parallèles aux assises des terrains stratifiés, et constituent ce que l'on nomme des bancs de minerais; d'autres fois, ils forment des masses qui n'ont aucun rapport avec les roches environnantes. Lorsqu'ils sont étroits et élevés, ils sont appelés filons métallifères ; s'ils forment de grandes masses arrondies, on les appelle amas ; enfin, on a donné le nom de nodules, de nœuds et de rognons aux petites masses qui se trouvent disséminées dans les roches encaissantes.

Que nous reste-t-il maintenant à étudier?

Pour compléter ce qui précède, il faut étudier les phénomènes actuels, qui semblent avoir deux causes principales : l'action des eaux, et celle de la chaleur interne du globe. A ces notions peuvent s'ajouter quelques éléments de Géologie d'Auvergne.

	TERRAINS ET SUBDIVISIONS.	ROCHES.
PRIMITIF.	Granit.	Quartz, feldsp., mica
	Micaschistes.	Schiste et mica.
	Gneiss.	Feldspath et mica.
	Schistes chloriteux.	Schistes et chlorite.
ÉPOQUE DE TRANSITION.	Silurien inférieur.	Calcaires gris.
	id. supérieur.	id. ardoises d'An-
	» »	gers.
	Dévonien. Grès rouge.	Schistes gris et di-
	» »	vers calcaires.
	» »	» »
	Carbonifère calcarifère.	Houille, petit granit
	» »	marbres de Fland.
	Carbonifère houiller.	Houille, argiles et
	» »	schistes.
	Permien.	1° Grès rouge.
	»	2° Zechstein.
	»	3° Grès des Vosges.
ÉPOQUE SECONDAIRE.	Triasique. Conchylien.	Grès bigarrés, cal-
	» »	caire coquillier.
	» Saliférien.	Sel marin, argiles,
	» »	marnes irisées.
	Jurassique. Lias.	Sables, grès quart-
	» »	zeux, calcaires
	» »	compactes, cou-
	» »	ches de fer, cal-
	» »	caire à gryphées.
	» »	» »

FAUNE.	FLORE.	SOULÈVEMENTS.
Nulle.	Nulle.	
id.	id.	
id.	id.	
id.	id.	[cland.
Zoophytes, crus-	id.	Sme de Westmor-
tacés, trilobites,	Algues fucoïdes,	Sme des Ballons.
poissons.	lycopodes.	
Poissons cuiras-	Astérophyllites,	Collines du Bo-
sés, encrin, spi-	conifères, équi-	cage.
rifers, poissons.	sétacées, foug.	
Productus, téré-	Lycopodiacées,	Sme du Forez.
bratules, repti-	calamites.	[l'Anglre.
les.	id.	Sme du nord de
» »	id.	Sme des Pays-B.
Protosaurus, mol-	Fougères, cycad.	Sud du pays de
lusques, tor-	id.	Galles.
tues.	Conifères, calam.	Sme du Rhin.
Labyrinthodons,	Woltzia conifère,	
ammonites.	cycadées.	
Orthoceras, huî-	Prêles, cycadées.	
tres, ammonit.	» »	
Bélemnites, pois-	Zamites.	Sme de Thurin
sons ganoïdes,		gerwald, li-
ichthyosaurus,		gnites de l'Al-
plésiosaurus, li-		sace et de la
bellules, stéro-		Lorraine.
dactyles.		

	TERRAINS ET SUBDIVISIONS.		ROCHES.
ÉPOQUE SECONDAIRE (suite).	Jurass...	Oolithe infér.	Calcaires jauneâtres
	»	»	avec hydrates de
	»	»	fer, terre à foulon,
	»	»	oolithe milliaire.
		Oolithe moy^{e}.	Calcaire argileux
	»	»	d'Oxfort, argiles de
	»	»	Dives, assises coral.
		Oolithe sup^{re}.	Couche de boue de
	»	»	Portland, argiles,
	»	»	schistes bitumeux.
	Crétacée	inférieure.	Marnes et argiles gri-
	»	»	ses, calcaires, feuil-
	»	»	letées, silicates de
	»	»	fer, rognons de suc.
		supérieure.	Calcaire pisolithique
	»	»	craie Tufau.
ÉPOQUE TERTIAIRE.	Eocène.		Argiles calcarifères,
	»	»	gypse, argile plasti-
	»	»	que, calcaires gross.
	»	»	grès de Fontainebl.
	Miocène.		Lignites, ambre jau-
	»	»	ne, molasse, calc.
	»	»	de la Beauce, grès,
	»	»	silex meulier, falm.
	Pliocène.		Couches marines,
	»	»	nommées Grag, sa-
	»	»	bles quartzeux.

FAUNE.	FLORE.	SOULÈVEMENTS.
Sarigues, ornithorinq., kanguroos insectes, poiss. xoophytes et mollusques, punaises, abeilles, papillons, ramphorynchus, teléosaurus, marsupiaux, crocodil.	Fougères, ifs, thuyas. Fougères, cycadées, conifères. » » Fougères, conifères, cycadées, plantesaquatiq.	Mont Pilat, Cévennes, Erzgebirge en Saxe.
Oiseaux échassiers reptiles, megalosaurus, ignanodons, mosaraure, sivatherium, megather., zoophyt.	Flore des périodes précédentes, algues. Algues.	Mont Viso. Pyrénées, Apennins.
Mamm., pachyd. rumin. insectiv., palasther., anoplother. mamm.	Bouleaux, ormes, charm., chênes, peupl., genev., ifs, tuyas, prêl.	Chaîne des Alpes, depuis le Valais, jusqu'en Autric.
Couleuvres, singes, grenouilles, salamandres, dinotherimus.	Nymphéa, palm. bamb., laurin., légumin. champignons, chara.	Alpes occidentales.
Hippopot., chev., cerf, sivath., passer. et rap., cham.	Amentacées, ros. jugland., acér., magnoliac., ilic.	Corse et Sardaigne.

PHÉNOMÈNES
DUS A L'ACTION DE L'EAU.

Quels sont les phénomènes dus à l'action de l'eau?

Les phénomènes géologiques actuels dus à l'action de l'eau sont ce qu'on nomme en général *alluvions modernes*. Il y a aussi les phénomènes causés par les grandes masses d'eaux congelées ou glaciers.

Parlez des alluvions, et quelles sont les principales?

L'eau des sources est parfaitement pure, et ne tient aucune matière en suspension; celle que l'on puise en pleine mer est aussi limpide, mais les eaux qui courent à la sortie du sol, le corrodent et finissent par charrier différentes matières dont le dépôt constitue de nouveaux terrains. Les principales alluvions modernes sont: la *Terre végétale*, la *Tourbe*, les *Récifs madréporiques* et les *dépôts de certaines sources*. Les effets de l'eau cristallisée, l'action des vagues et des marées, et celle des dunes sont aussi rangés parmi les alluvions modernes.

Parlez-nous des alluvions formées par les grandes rivières et les fleuves?

Les débris que les fleuves détachent des terrains qu'ils traversent sont entraînés dans les plaines, là où commence leur cours inférieur.

On reconnaît ce dernier point à ce que la pente devient de moins en moins sensible. Il en résulte que le mouvement des eaux d'un fleuve se ralentit à mesure qu'il se rapproche de l'Océan; ses eaux abandonnent alors le sable et les fanges qu'elles charrient, leur lit s'exhausse, et c'est ainsi que se produisent les *atterrissements*, les *deltas*, les *barres de sable*, etc. Les dépôts qui se forment à l'embouchure des fleuves donnent quelquefois naissance à de vastes contrées. Ainsi le sol de la Hollande a été formé en partie par les dépôts du Rhin, de l'Escaut et de la Meuse. Les habitants assurent la conservation de ces terres nouvelles en les protégeant par des digues contre la marée. Elles sont d'une grande fertilité; les Hollandais les nomment des *Polders*.

Que sont les deltas?

Les atterrissements riverains finissent par séparer et diviser les eaux au sein desquelles ils ont pris naissance; et la terre affecte entre les deux courants, une forme triangulaire comme la lettre grecque *delta*, qui lui donne son nom. Le plus célèbre delta est celui du Nil, qui s'accroît tous les jours. Celui du Rhône, en France, est bien connu. C'est là qu'existent ces plaines entrecoupées de marais, ici, fertiles par suite de l'abondant dépôt limoneux du fleuve, là, submergées par les eaux stagnantes, et propres seulement, comme aux environs d'Aigues-Mortes, à produire des roseaux de marais.

Qu'appelle-t-on estuaires?

Ce sont des lacs d'eau douce et d'eau salée que forment les embouchures de quelques fleuves, quand ils s'élargissent tout-à-coup, avant d'atteindre la mer. La Gironde forme un estuaire à partir de Blaye jusqu'à l'Océan.

Que nomme-t-on terre végétale?

On nomme terre végétale la couche meuble plus ou moins profonde, constituée par la désagrégation des roches, et les débris des plantes et des animaux, qui sert de lit à presque tous les végétaux.

Qu'est-ce que la tourbe?

On nomme tourbe une matière brune, plus ou moins foncée qui se forme sous les eaux par l'accumulation et l'altération de diverses plantes, et particulièrement par les sphaignes et les conferves qui sont toujours submergées. Cette matière couvre quelquefois des espaces immenses dans les parties basses des continents, remplissant les bas-fonds des larges vallées dont la pente peu considérable empêche l'écoulement des eaux. Souvent ces dépôts sont encore couverts d'eau; mais dans les lieux où ils sont à sec, il s'est formé au-dessus une couche de sable et de limon où croissent de belles prairies.

Que nomme-t-on îles à coraux et récifs madréporiques?

L'Océan Pacifique et la mer des Indes sont

parsemés d'îles en voie de formation, qui doivent leur origine aux polypiers et aux coraux. Ces zoophytes retirent des eaux de la mer la chaux et la silice qui s'y trouvent à l'état de sels solubles. Pour s'accroître et se développer, ils ont besoin d'être constamment submergés. Ces dépôts calcaires s'entassent rapidement, et finissent par s'élever à fleur d'eau. C'est alors que les épaves et les débris de toute espèce, charriés par la mer, sont arrêtés par ces masses émergées, retenus sur ces îlots naissants et s'y déposent. Ils les recouvrent peu à peu d'une couche de terreau fertile, sur lequel la végétation ne tarde pas à se développer. Ces îles sont ordinairement très-boisées; elles ont reçu le le nom d'*Attolls*, et il y en existe d'une étendue déjà considérable, dont la formation ne remonte qu'à un siècle.

SOURCES ET FONTAINES.

Expliquez l'origine des sources.

Quand l'air humide, poussé par le vent, monte le long des flancs d'une montagne, il se refroidit, et à une certaine hauteur, il devient nuage ou brouillard. En s'élevant davantage, ce nuage se résout en pluie. Si elle vient à tomber sur les grandes hauteurs, elle se congèle, et couvre d'une couche de neige le sommet de la montagne. Le refroidissement de l'air survenu dans ces hautes régions est dû à la raréfaction qu'il subit nécessairement dans les parties supérieures de l'atmosphère. On comprend dès lors la masse énorme de neige qui doit résulter de la condensation des vapeurs contenues dans ces grands volumes d'air, chargés d'exhalaisons marines, que les vents portent au sommet des Alpes, des Cordilières ou de l'Himalaya. C'est pour cette raison que les chaînes de montagnes sont les berceaux des plus grands fleuves.

Ainsi tombée sur les hauteurs, l'eau s'infiltre dans le sol : elle reparaît plus loin et plus bas, sous la forme de *sources* qui descendent dans les vallées. En même temps, la fonte annuelle des neiges qui couronnent les hautes cimes alimente abondamment les petites rivières qui descendent des montagnes, de sorte qu'après les crues d'hiver qui résultent des pluies de cette saison, arrivent les crues d'été provenant de la fonte des neiges. Ainsi, des masses énormes d'eau sont toujours en circulation entre l'atmosphère et la terre, elles tombent sans cesse en pluie et en neige, pour remonter sans cesse en vapeur ; ce continuel échange produit l'*arrosement du globe*, phénomène capital et essentiel de sa fertilité.

Les eaux pluviales sont-elles pures ?

Oui, les eaux pluviales sont chimiquement presque pures ; on les nomme *eaux douces*, par opposition aux *eaux salées* de l'Océan. Une partie de ces eaux s'évapore de nouveau, par suite de la chaleur terrestre ou solaire, une autre portion glisse le long des pentes. Ce sont les *eaux sauvages* que l'on voit sur le sol après une pluie abondante. Une dernière partie s'infiltre dans la terre, y pénètre à des profondeurs variables, et s'y réunit en masses souterraines, qui cheminent entre les couches de terrain superposées. Telle est l'origine de la couche d'eau qui existe à peu de profondeur dans tous les terrains perméables, et qui alimente les puits des maisons, et celle des *sources* ou *fontaines naturelles.*

Dans quels terrains se rencontrent plus fréquemment les sources.

Les sources se rencontrent dans tous les terrains, mais surtout dans les terrains stratifiés.

Les montagnes granitiques et schisteuses ont de nombreuses sources, mais leur volume est généralement faible. On rencontre aussi des sources, à la base et aux environs des volcans, mais rarement sur les montagnes volcaniques elles-mêmes : ce qu'il faut attribuer à la porosité des laves, qui livrent à l'eau un passage facile.

Expliquez les sources jaillissantes?

Quand l'eau venant d'une certaine hauteur, s'infiltre dans une couche poreuse, contenue elle-même entre deux couches imperméables, qui se relèvent et se redressent peu à peu, elle tend à monter suivant les lois de l'hydrostatique, et si elle trouve une ouverture dans la couche supérieure, elle s'échappe avec force et produit ce qu'on nomme une fontaine jaillissante.

Quelques sources n'offrent-elles pas des intermittences périodiques?

Oui, ce phénomène se voit surtout dans les fontaines jaillissantes. On l'attribue à la présence de cavités souterraines, dans lesquelles l'eau s'accumule et revient par des canaux recourbés en forme de siphons. Si la quantité d'eau qui s'écoule est plus grande que celle qui descend des régions supérieures, il arrive un moment où le niveau dans le réservoir s'abaisse au-dessous du sommet du siphon: alors la source cesse de couler jusqu'à ce que le réservoir soit rempli de nouveau.

Qu'appelle-t-on puits forés ou artésiens?

Ce sont des sources jaillissantes artificielles. Les cours d'eau souterrains qui glissent entre deux couches imperméables, peuvent être amenés à la surface, au moyen de profonds et étroits orifices que l'on creuse dans le sol. Ils tirent leur nom de l'Artois, où ils ont été, de temps immémorial, en usage. La force ascensionnelle de l'eau dans ces puits est d'autant plus grande que le réservoir est plus élevé; leur abondance dans certaines contrées, prouve l'existence de véritables rivières souterraines.

Qu'appelle-t-on eaux minérales naturelles?

On appelle eaux minérales naturelles celles qui tiennent en dissolution de notables quantités de substances minérales dont elles se sont chargées pendant leur trajet souterrain. On les divise en quatre classes :

1°. *Eaux salines*, telles que Carlsbad, Kissengen, etc.

2°. *Eaux alcalines*, telles que Vichy, Tœplitz, etc.

3°. *Eaux ferrugineuses*, telles que Spa, Pyrmont, etc.

4°. *Eaux sulfureuses*, telles que Barèges, Aix-la-Chapelle, etc.

Quand les nomme-t-on thermales ?

Quand elles sont au-dessus de la température ambiante. Leur degré de chaleur est quelquefois très-élevé. Elles sourdent de tous les terrains; on en voit surgir du milieu des fleuves et même de la mer.

La chaleur des eaux thermales provient de ce qu'elles ont pénétré fort bas dans l'intérieur de la terre, et se sont échauffées au contact des roches rendues brûlantes par le voisinage du feu central. A 3 kilomètres de profondeur, les roches ont une température de 100 degrés.

Dans quels terrains trouve-t-on des eaux thermales?

Elles sont abondantes dans les terrains volcaniques, parce que les éruptions de matières ignées, venues de l'intérieur du globe, ont laissé à demi-libres des trajets verticaux sinueux, par lesquels les eaux pénètrent à de grandes profondeurs, s'y échauffent, et ressortent en un autre point du sol, avec la température élevée qu'elles ont empruntée aux couches profondes, et les composés sulfureux qu'elles ont dissous, pendant leur contact avec les matières volcaniques.

Qu'appelle-t-on eaux incrustantes et travertins?

On appelle eaux incrustantes certaines eaux minérales qui ont la propriété de déposer sur les corps un sédiment calcaire provenant du carbonate de chaux qu'elles tiennent en dissolution. C'est à la faveur du gaz acide carbonique qu'elles renferment, et par l'effet de la pression à laquelle elle sont soumises dans l'intérieur de la terre, que le carbonate de chaux est dissous dans ces eaux. Quand elles arrivent à la surface du sol, cet excès d'acide se dégage, par suite de diminution de pression; dès lors, le carbonate de chaux se dépose à l'état de sédiment pierreux, qui forme une incrustation.

C'est par ce mécanisme chimico-physique que les eaux de St-Alyre, dans le faubourg de notre ville, pétrifient, c'est-à-dire recouvrent d'une croûte de carbonate de chaux les corps étrangers que l'on soumet à leur action, et qu'elles ont produit le pont sous lequel elles coulent.

On nomme *Travertins* les masses calcaires ainsi déposées par les eaux.

GLACIERS.

A quelle élévation se trouve la limite des neiges persistantes ou éternelles?

La limite des neiges persistantes se trouve à une hauteur d'autant plus grande qu'il fait plus chaud au niveau de la mer. Elle doit être au niveau même du sol dans les régions polaires où règne un froid continu, et située, au contraire, à une très-grande élévation dans les chaudes régions équatoriales.

Qu'appelle-t-on avalanches?

Une avalanche est une masse de neige ou de glace qui roule le long de la pente des hautes montagnes, et qui tombe dans les vallées, renversant tout ce qui s'oppose à son passage, et entraînant parfois, dans sa chute, des villages et même des forêts.

Les glaces ont-elles les mêmes limites que les neiges persistantes?

Non, les glaces descendent bien au-dessous des neiges persistantes. Quand on parcourt les grandes vallées de la Savoie et de la Suisse, qui s'étendent au pied des hautes montagnes des Alpes, on se trouve en face de véritables fleuves qui semblent gelés sur place. Ce sont les glaciers.

Sont-ils immobiles?

Non, les glaciers sont doués d'un mouvement très-lent, mais très-réel, de progression. Formés sur les hauteurs, ils avancent peu à peu dans le fond des vallées; trouvant, dans ces abris, la douce température du printemps et de l'été, ils fondent par leur base, créant ainsi d'intarissables sources et des cours d'eau sans fin. Les glaciers ne sont donc autre chose que les réservoirs des fleuves.

Il y a trois choses à étudier dans les glaciers: 1°. leur *mode de formation*; 2°. leur *marche*; 3°. leur *fonte partielle*.

Quel est leur mode de formation?

La neige qui tombe sur les montagnes au-dessus de la limite des neiges perpétuelles, ne fond jamais. Elle s'accumule dans les vallées et les dépressions du sol. L'eau qui provient de leur fusion superficielle produite par la chaleur des jours d'été, s'infiltrant peu à peu dans leur intérieur, et se congelant de nouveau pendant la nuit, passe à l'état de *Névé*, corps intermédiaire entre la neige et la glace, masse grenue qui se compose de cristaux arrondis et agglutinés entre eux par l'effet de la pression qu'ils supportent. Le Névé devient d'abord *glace bulleuse*, qui renferme des bulles d'air, puis *glace grenue blanche*, enfin, *glace bleue compacte*, qui forme la substance des glaciers.

Quelle épaisseur atteint la neige annuelle dans les Alpes?

Il tombe environ dans les Alpes 18 mètres de neige par an, qui équivalent à 2m 30 de glace. Ces couches annuelles sont compensées par la progression et la fonte de la base.

Combien compte-t-on de glaciers en Suisse?

On en compte plus de 600; 370 dans le bassin du Rhin, 137 dans celui du Rhône, 66 dans celui de l'Inn; 35 dans les bassins des fleuves qui se jettent dans la mer Adriatique.

Comment faut-il se figurer un glacier?

Il faut se le figurer comme une masse feutrée, composée d'une infinité de blocs ou de fragments de glaces dures, creusés d'un réseau de fissures et de conduits dans lesquels l'eau circule librement.

Les glaciers sont-ils stratifiés?

Oui, les glaciers sont stratifiés par couches de 2 à 3^{m}. Chacune de ces strates correspond à une chute de neige, et il s'én forme plusieurs chaque hiver. La neige fraîchement tombée se tasse et se couvre d'une mince couche de verglas, sur laquelle l'air dépose des poussières végétales ou minérales. De là cette couleur gris sale qui, dans les névés, trahit la séparation des couches.

Quel est le trait caractéristique de la marche des glaciers?

Ce sont les *moraines.*

Tous les glaciers portent sur leur dos et poussent au-devant d'eux des débris de roches, souvent énormes, détachés des parois de la montagne. Ainsi se forment de longues traînées pierreuses, qui ont depuis longtemps reçu des montagnards suisses le nom de moraines. Quand ces débris tombent en même temps des parois des deux montagnes qui encaissent le glacier, les moraines finissent par former des traînées parallèles qui ressemblent aux deux ornières d'une charrette pleine de pierres.

Ces moraines sont frontales ou latérales, suivant qu'elles occupent le sommet ou les côtés du glacier.

PHÉNOMÈNES
DUS A L'ACTION DU FEU.

Quels sont les principaux phénomènes actuels dus à l'action du feu ?

Ce sont les tremblements de terre et les volcans, deux effets successifs, ou concomitants, d'une même cause générale. Puisque l'intérieur de notre planète, à partir de douze lieues seulement de sa surface, est occupé par une masse liquide incandescente, on peut se représenter la croûte terrestre comme une sorte de radeau flottant sur un océan de feu. Que les flots de cet océan viennent à heurter l'écorce solide, il y aura, sur une étendue variable, *tremblement de terre.*

Que la pression exercée par les laves ait assez de puissance pour rompre la croûte terrestre, et établir, par cette fracture, une communication directe de la surface du globe avec l'intérieur, les laves, c'est-à-dire les flots de la mer intérieure, se feront jour au dehors; il y aura *volcan*.

Si cette ouverture demeure persistante, et les éruptions fréquentes, le volcan sera *actif*.

Si cette communication vient à se fermer, on aura un volcan *éteint*, comme il y en a un grand nombre en Auvergne.

TREMBLEMENTS DE TERRE.

Quels sont les principaux accidents précurseurs des tremblements de terre?

C'est souvent par le soleil le plus radieux, par le calme le plus profond des airs, qu'éclatent soudainement ces catastrophes, qui changent en un champ de ruines et de mort les campagnes et les cités, et anéantissent en un clin d'œil des milliers d'existences.

Il arrive parfois qu'un bruit affreux précède, accompagne ou suit la catastrophe. Il gît dans les entrailles du sol : il résulte du craquement des roches, cédant sur une immense étendue, à la pression des laves enflammées. Un épouvantable bruit souterrain précéda de quelques minutes le désastre de Lisbonne, en 1755.

La nature de ce bruit varie beaucoup. Tantôt il se prolonge comme un sourd cliquetis, tantôt il est saccadé comme l'éclat voisin du tonnerre. Il peut aussi ressembler à un bruit de verres, comme si des masses de roches vitrifiées volaient en éclat dans des cavernes souterraines.

L'étendue de cet ébranlement du sol est-elle considérable?

Quelquefois l'étendue de la contrée agitée est très considérable. Le tremblement de terre de Lisbonne se propagea sur un hémisphère presque entier.

Les tremblements de terre n'ont pas lieu uniquement sur les continents. Le fond de la mer peut osciller par suite de l'ébranlement de la terre, et un violent mouvement être ainsi imprimé à la masse des eaux. Pendant le désastre de Lisbonne, le soulèvement de la mer ajouta ses ravages à ceux de la chute des maisons. Les flots s'élevèrent à 15^{m} au-dessus des plus hautes marées.

Quelle est la durée d'un tremblement de terre?

Cette durée est éminemment variable. Il est des pays dans lesquels l'agitation du sol se prolonge des semaines et des mois entiers. Il en est d'autres où le phénomène n'a duré qu'un jour, qu'une heure, qu'une seconde.

Quelle est la direction des mouvements du sol?

On peut dire qne ces secousses sont tantôt *ondulatoires* ou *horizontales*, tantôt *verticales*, c'est-à-dire résultant d'une succession rapide de soulèvement et d'abaissement du sol; tantôt enfin *tournoyantes*. Les secousses verticales et horizontales sont souvent simultanées. Quand les genres d'ébranlement se réunissent, rien n'échappe à la dévastation.

Quels sont les effets des tremblements de terre?

Ils ne se bornent pas au renversement de cités entières, le sol même subit alors des modifications importantes. Il peut se soulever. Un changement de niveau résultant de l'exhaussement ou de l'affaissement du terrain est un des effets les plus communs. Quelquefois la terre s'entr'ouvre, laissant après la catastrophe d'énormes crevasses béantes. Des montagnes nouvelles peuvent apparaître, et souvent, à l'inverse, des montagnes s'écroulent tout d'une pièce, en comblant les vallées.

VOLCANS.

Parlez des volcans actifs.

L'apparition d'un volcan est liée de la manière la plus intime au phénomène des tremblements de terre. A la suite de ces grands ébranlements du sol, il arrive souvent qu'une fissure verticale, ou plus ou moins sinueuse, s'établit dans l'épaisseur de l'écorce terrestre. Quand cette fissure reste permanente, elle établit une communication directe entre l'intérieur et la surface de la terre, et il se forme ainsi un volcan *actif*.

On nomme donc volcan tout conduit qui établit une communication permanente entre l'intérieur de la terre et sa surface, conduit qui donne passage, par intervalles, à des éruptions de nature *lavique.*

Quel est le nombre des volcans actuellement en ignition?

On évalue à trois cents le nombre des volcans actuellement en ignition à la surface de la terre. On les partage en deux groupes :

1°. Les volcans *isolés* ou *centraux.*

2°. Les volcans disposés en *séries.*

Les premiers sont des volcans actifs, autour desquels peuvent s'établir des bouches éruptives secondaires, toujours en relation avec la bouche principale.

Quels sont les principaux volcans centraux?

On range parmi les volcans centraux en Europe :

1°. Ceux des îles *Lipari*, qui ont comme centre le *Stromboli,* en activité permanente. Connu de toute antiquité, signalé par Homère, il n'a pas cessé un jour ses resplendissantes éruptions qui lui ont fait donner le nom de *Phare de la Méditerranée.* Depuis 2000 ans, on n'a jamais vu s'éteindre son panache de flammes.

2°. L'*Etna,* dont les historiens et les poètes latins ont décrit longuement les paroxysmes. Aux assises inférieures de la montagne est une zone de jardins magnifiques; plus haut, vient une zone; enfin, vient la région des roches nues. Le sommet de l'Etna est situé à 3315 mètres: il dépasse la limite des neiges perpétuelles; aussi, est-il presque toujours couvert de neiges, ou perdu dans les nues.

3°. Le *Vésuve*, dont l'origine est moins ancienne que celle de l'Etna, mais les éruptions plus fréquentes. Elles ne sont pas séparées par un intervalle de plus de cinq ou six ans.

Jusqu'au premier siècle de notre ère, le Vésuve proprement dit n'existait pas, on ne connaissait que la montagne à laquelle on donnait le nom de Somma, dont la cime était couverte de verdure. Rien n'avait fait présager l'éruption effroyable qui, au premier siècle de l'ère chrétienne, bouleversa la Somma, jeta dans la mer la plus grande partie de cette montagne, et fit naître dans la concavité résultant de sa chute, le cône volcanique qui prit le nom de Vésuve.

Tout le monde sait que pendant l'éruption de l'an 79, qui coûta la vie au naturaliste *Pline*, les deux villes d'*Herculanum* et de *Pompéi* furent ensevelies sous une immense quantité de matières pulvérulentes, lancées par le nouveau cratère.

4°. Il y a un grand nombre de volcans centraux dans les îles de l'Afrique et de l'Océanie.

Qu'appelle-t-on volcans en séries?

On nomme ainsi des bouches éruptives, disposées comme des cheminées de forge, le long des fentes qui se prolongent sur de grands espaces. Vingt, trente cônes volcaniques et plus peuvent s'élever au-dessus d'une pareille fente.

Quelquefois les fentes se trouvent sur la crête de chaînes de montagnes élevées. Dans les îles, les séries de volcans se montrent sous forme de groupes d'îles rangées en ligne.

Quels sont, en Europe, les volcans en séries?

Les îles de la Grèce sont les seules, en Europe, que l'on puisse classer avec certitude dans les chaînes volcaniques; l'île de *Santorin* est la plus remarquable, parce que l'action volcanique n'y subit aucune interruption.

Où se trouve la bouche des cheminées volcaniques?

La bouche des cheminées volcaniques se trouve presque toujours au sommet d'une montagne conique, plus ou moins isolée: elle consiste en une ouverture en forme d'entonnoir, qu'on appelle *cratère*, et se prolonge dans l'intérieur de la cheminée. Le cône qui supporte le cratère est, en grande partie, composé de laves ou de produits d'éjections; aussi le désigne-t-on sous le nom de *cône d'éjection* ou *de scories*. La fréquence ou l'intensité des éruptions n'est nullement liée aux dimensions de la montagne volcanique.

Quels sont les signes avant-coureurs d'une éruption volcanique?

Une éruption volcanique est ordinairement annoncée par un bruit souterrain, accompagné de secousses, d'ébranlements du sol, et quelquefois de véritables tremblements de terre. Ce bruit ressemble à un feu bien nourri d'artillerie ou de mousqueterie. Quelquefois, c'est comme le roulement sourd d'un tonnerre souterrain. L'éruption commence par une forte secousse. L'ascension des masses fluides et des vapeurs chaudes se révèle, par la fonte des neiges sur les flancs du cône d'éjection. En même temps que se produit la secousse qui triomphe des dernières résistances de la croûte solide du sol, il s'échappe du fond du cratère une masse considérable de gaz, et particulièrement de vapeur d'eau.

Dans les premiers moments d'une éruption, les masses de pierres et de cendres qui comblaient le cratère sont projetées en l'air par l'action, brusquement développée, de l'élasticité de la vapeur. Cette vapeur se dégage au travers des laves rouges de feu, sous la forme de grandes bulles arrondies, qui tournoient dans l'air au-dessus du cratère, et s'étendent en couronnes d'autant plus larges qu'elles s'élèvent plus haut. Ces masses de vapeurs finissent par former des nuages pelotonnés, qui sont sillonnés d'éclairs continus, suivis de violents coups de tonnerre ; en se condensant, ils forment de désastreuses averses qui inondent les flancs de la montagne.

Quels sont les phénomènes dont le cratère est le théâtre pendant l'éruption?

On y constate d'abord un mouvement incessant d'ascension et d'abaissement de la lave fluide qui remplit l'intérieur du cratère. Ce double mouvement est souvent interrompu par de violentes explosions de gaz. Une partie de la lave, à demi-scorifiée, est projetée vers le haut, et les divers fragments sont lancés avec violence dans toutes les directions, comme ceux d'une bombe qui éclate. Le plus grand nombre des fragments lancés verticalement dans les airs retombe dans le cratère. Beaucoup s'accumulent sur le bord de l'ouverture et ajoutent de plus en plus à la hauteur du cône d'éruption. Les fragments plus déliés et de petite dimension, comme aussi les cendres fines, sont entraînés par les spirales de vapeur à des distances considérables. Quelques laves, en masses puissantes et isolées, sont projetées en dehors de la gerbe de scories; elles sont arrondies par suite de leur mouvement de tournoiement dans l'air et portent le nom de *bombes volcaniques*.

Expliquez les volcans de boue, ou salzes.

Les volcans de boue présentent de petites éminences coniques, avec une dépression de leur intérieur. Ils versent au-dehors de la boue poussée par des gaz et de la vapeur d'eau. La température de ces matières est ordinairement peu élevée. La boue grisâtre, à odeur de pétrole, est un mélange de sels, de gypse, de naphte, de soufre et d'ammoniaque.

Les salzes existent à Modène, en Sicile, en Crimée, en Amérique et dans l'Indoustan.

Qu'arrive-t-il à la fin d'une éruption lavique?

A la fin d'une éruption lavique, quand l'activité du volcan commence à s'affaiblir, l'émission du cratère est réduite à des dégagements plus ou moins abondants de gaz, qui s'échappent par une multitude de fissures du sol, mêlés à de la vapeur d'eau. Le plus grand nombre des volcans qui se sont ainsi éteints forme ce que l'on appelle les *Solfatares*?

L'hydrogène sulfuré qui se dégage du sol se décompose au contact de l'air, en formant de l'eau par l'action de l'oxygène atmosphérique, en laissant du soufre qui se dépose en masses énormes sur les parois du cratère et dans les fentes du sol. Telle est l'origine géologique du soufre que l'on recueille à *Pouzzoles,* près *de Naples*.

N'y a-t-il pas une autre émanation minérale qui se rattache aux anciens cratères?

Les sources d'eau bouillante connues sous le nom de *Geysers* sont une autre émanation minérale. On trouve en Islande un grand nombre de ces sources jaillissantes. On en voit de continues et d'intermittentes. Le grand geyser projette une colonne d'eau de 6 mètres de diamètre, s'élevant parfois à 50 mètres de hauteur. L'eau, en se refroidissant, laisse déposer la silice qu'elle tenait en dissolution. Ces immenses gerbes d'eau dépassent la température de cent degrés au point d'émergence à la surface du sol; et dans leur canal souterrain, elle est de 124°.

Donnez quelques détails sur le grand geyser de l'Islande?

Le grand geyser donne son nom, qui signifie *fureur*, à tous les geysers secondaires. Son tube a 23 mètres de profondeur sur 3 de diamètre. Il est surmonté d'un bassin de 18 mètres de largeur. Les parois de ce bassin, ainsi que celles du tube d'ascension sont revêtues d'un dépôt siliceux. Le jet n'est pas continuel. Quand il s'arrête, le bassin reste à sec, et le geyser reste enveloppé de vapeurs blanchâtres.

Existe-t-il des volcans sous-marins?

Oui, au dessous du bassin des mers, le sol s'entr'ouvre quelquefois à la suite de tremblements de terre, et un volcan surgit du sein des eaux. Leurs débris accumulés forment de véritables îles, et plusieurs îles actuelles, telles que l'Islande et la Sicile, ne sont, en grande partie, que des produits d'éruption volcanique. Cependant il est rare que les îlots formés par les déjections d'un volcan persistent, car les matières meubles qui les constituent, ne tardent pas à être emportées par l'action incessante des vagues.

On a vu, de nos jours, se former une île nouvelle au sein de la Méditerranée : c'est l'île *Ferdinanda* ou *Julia*, qui, apparue au mois de juillet 1831 au N.-O. de la Sicile, s'abîma deux mois après sous les vagues.

Strabon, Pline, Plutarque nous parlent de l'apparition de l'île Hiera, l'an 186 avant J.-C., au milieu des flammes et d'une violente ébullition des eaux de la mer.

Outre les volcans actifs, en compte-t-on un grand nombre d'éteints ?

Oui, l'on connaît un nombre immense de volcans éteints, avec leur cratère d'éruption et leurs coulées de laves. Leur examen a démontré une ancienne activité volcanique prodigieuse. La chaîne des volcans éteints de l'Auvergne est fort remarquable.

Qu'appelle-t-on fumarolles ?

On nomme *fumarolles* des éruptions de vapeur à cent degrés qui s'échappent des crevasses du sol sous la forme de colonnes blanches, de 10 à 20^{m} de hauteur. On les observe, non-seulement dans les cratères des volcans actifs, et dans les solfatares, mais au milieu même de certains terrains calcaires, où ils ne présentent que de l'acide carbonique.

Quels sont les acides qui se manifestent dans les émanations volcaniques ?

L'acide *chlorhydrique* est celui qui se manifeste au moment de l'intensité de l'action volcanique ; l'acide *sulfureux* apparaît quand cette action commence à diminuer; l'acide *carbonique* vient ensuite, en se continuant pendant des siècles, lors même que toute action paraît être entièrement finie ; aussi, provoque-t-on souvent des dégagements de ce gaz, en fouillant les rapillis les plus anciens, comme il arrive fréquemment aux environs de Clermont-Ferrand.

EFFETS ATMOSPHÉRIQUES.

Outre les phénomènes que nous avons décrits, est-il des agents extérieurs qui tendent à modifier la surface du globe?

Oui, il en est plusieurs; les principaux sont les *effets atmosphériques*, l'action des *vagues et des marées* et les parcours *des glaces polaires.*

Quels sont les effets atmosphériques?

Les transitions de chaleur et de froid, l'air, les vents, la sécheresse et l'humidité, agissent d'une manière très-sensible sur la plupart des substances minérales; il n'est pas une roche à la surface de la terre, qui n'en présente les traces à l'extérieur, et qui n'offre un état d'agrégation tout différent de celui de l'intérieur. Lorsque les matières sont susceptibles de s'imbiber d'humidité, et d'en être privées facilement par la sécheresse, ces alternatives produisent une désagrégation très-rapide lorsqu'elles se répètent souvent comme dans les montagnes. La gelée, qui vient surprendre l'eau dont la roche est pénétrée, est aussi une cause puissante de destruction, parce que la dilatation qui résulte de la congélation du liquide détermine dans la masse une multitude de fissures dans tous les sens. Au dégel, tout tombe en écailles ou en poussière.

Les vents ont-ils une action considérable sur les masses minérales?

Non, ils n'ont par eux-mêmes qu'une faible action sur les masses minérales solides; mais dans les déserts de l'Arabie et de l'Afrique, ils soulèvent des quantités immenses de sables brûlants, les transportent à de grandes distances, et les entassent à une hauteur prodigieuse. L'une de ces collines ainsi formées s'étend depuis le Maroc jusqu'à la Tunisie, elle porte le nom d'*Arègue*. Les sables mouvants qui recouvrent une grande partie du Sahara atteignent, en quelques endroits, une telle épaisseur que la sonde n'en trouve pas le fond à près d'une centaine de mètres. Lorsqu'ils sont poussés par les vents, et surtout par le terrible *simoun*, ils tendent à tout envahir. En Egypte, des villes entières ont été ensevelies, et les fouilles modernes nous ont révélé l'existence de monuments fort bien conservés sous les lits de sable qui remplissent aujourd'hui certaines vallées autrefois habitées.

Que devient, dans les déserts, l'eau tombée durant la saison pluvieuse?

Elle forme de puissantes nappes d'eau souterraines, à une profondeur peu considérable. Cette circonstance est bien connue des Arabes qui, de temps immémorial, ont creusé des espèces de puits artésiens. Depuis 1856, nos ingénieurs ont foré avec succès 46 puits sur la lisière septentrionale du Sahara.

L'action des vents dans les déserts ne représente-t-elle pas le phénomène des dunes?

Oui, car les côtes sableuses des mers sont exposées à des effets analogues. Les dunes envahissent de très-grands espaces dans la plaine, en arrêtant tous les petits ruisseaux; ces collines de sable fin ont ordinairement 6 à 8 mètres de hauteur, quelquefois 10 à 20. Leur marche est de 20 à 25 mètres par année; on ne parvient à prévenir leurs envahissements que par des plantations de pins.

La foudre ne peut elle pas produire des effets remarquables?

On a observé dans un assez grand nombre de lieux et sur diverses roches, des traces de fusion produite par la chute de la foudre sur les hautes montagnes. En pénétrant dans les sables, elle y creuse des canaux étroits, irréguliers, parfois très-profonds, dont les parois sont consolidées par la fusion du quartz même.

Il y a aussi des cas où des portions considérables de rochers sont retournées par la foudre, arrachées et lancées à de grandes distances.

CTION
DES VAGUES ET DES MARÉES.

Que sont les marées?

Ce sont des mouvements périodiques de la

mer, provoqués par l'action attractive de la lune et du soleil, action qui s'exerce sur toute la masse terrestre et se manifeste par le mouvement d'intumescence des eaux. La force de la lune est environ le triple de celle du soleil, parce qu'elle est moins éloignée de la terre. La physique explique ce phénomène. Contentons-nous de dire que, dans l'espace d'un jour lunaire, les eaux de la mer s'élèvent deux fois et s'abaissent deux fois dans tous les lieux de la terre. Dans nos ports, la mer s'avance donc deux fois par jour : on dit alors que la mer est *haute* ou *pleine*, et le phénomène se nomme le *flot* ou le *flux*; elle recule deux fois, ou devient *basse*, c'est le *jusant* ou le *reflux*.

Quelle est l'action des marées sur les côtes?

Si les eaux qui humectent le pied des montagnes peuvent en désagréger les couches inférieures, il est clair que des eaux continuellement agitées, lancées parfois avec une violence extrême sur les continents, doivent avoir une action destructive. Les flots ont, en effet, une grande puissance, là surtout où des rochers abrupts se trouvent exposés aux vagues et aux marées.

D'immenses coupures, des anses, des golfes profonds s'y sont formés, à diverses reprises, pendant les tempêtes.

PARCOURS DES GLACES POLAIRES.

Que forment les contrées polaires?

Elles forment une transition entre la mer et les continents, car l'eau s'y présente toujours à l'état solide. Dans ces régions, la neige qui tombe ne fond jamais, et la mer se couvre, tantôt d'une nappe continue de glace, tantôt d'énormes glaçons flottants, qui vont à la dérive des courants. La rencontre de ces masses considérables de glaces flottantes, sont le grand danger de la navigation polaire.

Ces glaciers des mers circumpolaires, soit qu'ils descendent des montagnes dans la mer, ou qu'ils se forment dans la mer elle-même, se trouvent remplis dans leur masse et à leur surface, de blocs de roches, de graviers, de fragments à arêtes vives, et en quantités considérables. Les navigateurs rencontrent fréquemment de ces îles de glaces flottantes, charriant ainsi des débris hétérogènes dans toutes directions. Ces sortes de radeaux échouent çà et là, sur les côtes, dans les anses, etc.

Que nomme-t-on banquises?

On nomme banquises des champs de glace qui se forment parfois en pleine mer. Il y en a de 30 à 35 lieues de longueur sur quinze mètres d'épaisseur. Un certain nombre d'ours blancs font de longs voyages maritimes sur ces monstrueux véhicules.

GÉOLOGIE D'AUVERGNE.

Quel est l'aspect général de l'Auvergne ?

Il est peu de pays en France qui présente au voyageur émerveillé une nature plus variée et plus pittoresque que l'Auvergne. Les paysages des Alpes et des Pyrénées sont plus grandioses; mais leurs monts gigantesques écrasent tout ce qui pourrait lui servir d'ornement, et tout se rapetisse dans leurs gorges profondes. En Auvergne, au contraire, l'œil est charmé par l'harmonie des lignes et des proportions, la magnificence des sites et la richesse de la végétation. Un certain nombre de ses agrestes paysages rappelle les sauvages beautés de la Suisse, et les riches produits dont se couvrent ses coteaux vignobles, et ses fertiles vallées les font singulièrement constraster avec les sommets arides qui les avoisinent.

Comment peut-on diviser les notions géologiques sur l'Auvergne ?

Ces notions peuvent ainsi se diviser :

1°. *Formation lacustre de la Limagne.*
2°. *Chaîne granitique qui la borde.*
3°. *Cratères volcaniques.*

Comment peut être considéré le centre de la France, au point de vue géologique?

Il peut être considéré comme un vaste plateau, dont la masse principale se compose de roches cristallines primaires, spécialement le granit, qu'enveloppent de tous côtés des strates appartenant en grande partie au système jurassique. D'énormes protubérances volcaniques s'élèvent sur les parties les plus hautes de ce plateau. Ce plateau est échancré par les deux profondes dépressions que forment la vallée de la Loire supérieure et celle de l'Allier. Sur quelques points, ces vallées acquièrent une largeur considérable : la première, dans les bassins de Montbrison et de Roanne; la seconde, dans la plaine de la Limagne. On y trouve les traces de quatre dépôts, d'autant de lacs d'eau douce, qui se présentent séparément en Auvergne, dans le Forez, le Cantal et le Velay.

FORMATION LACUSTRE DE LA LIMAGNE.

Quel était le plus grand de ces lacs ?

Le plus grand de ces lacs était celui qui couvrait la surface aujourd'hui occupée par la large et fertile vallée de l'Allier, qui est connue sous le nom de Limagne d'Auvergne, et qui s'étend depuis Brioude, vers le sud, jusqu'à Moulins, vers le nord, avec une largeur moyenne de trente-deux kilomètres. Cette vallée est bordée de chaque côté par une rangée de hauteurs granitiques, à l'est, par la chaîne du Forez, qui sert de ligne de partage entre les eaux de la Loire et celles de l'Allier; à l'ouest, par celle des Monts Dômes, qui sépare les eaux de l'Allier de celles de la Sioule.

Quels terrains occupe la grande vallée-plaine de la Limagne ?

Les points les plus bas de la grande vallée-plaine de la Limagne sont en grande partie recouverts par un alluvium superficiel, composé principalement de cailloux de granit, de gneiss, de trachyte et de basalte. Le substratum, partout où il se montre lui-même, consiste en couches à peu près horizontales de sable, de grès, de marne calcaire, d'argile et de calcaire qui n'observent aucun ordre de superposition fixe et invariable. Quelques collines formées des mêmes couches s'élèvent au-dessus de la plaine, et sont généralement appuyées aux hauteurs granitiques de l'un et de l'autre côté.

Comment peuvent être classées les principales divisions de la série lacustre ?

Elles peuvent être classées ainsi :

1°. *Graviers et conglomérats*, associés avec des *marnes rouges, bleues et blanches*, et avec des *grès.*

Ces conglomérats, ces marnes et ces grès semblent des matériaux désagrégés de granit et du gneiss adjacent sur lesquels ils reposent. L'élément calcaire, là où il se rencontre, semble venir de l'intérieur des roches cristallines primaires, d'où sortent encore plusieurs sources qui déposent du carbonate de chaux.

2°. *Marnes blanches et vertes feuilletées.*

Ces marnes ressemblent beaucoup à de la

craie, mais elles sont ordinairement divisées en feuillets très-minces, ce qui résulte de la présence d'innombrables coquilles ou carapaces très-ténues d'un petit animal appelé *Cypris.* Ailleurs, le microscope démontre que cette structure feuilletée est causée par la présence de tiges aplaties de charas, ou bien par des myriades de petites paludines et autres coquilles qui ne se trouvent que dans l'eau douce.

3° *Calcaire oolitique, travertin.*

Interstratifiées avec les marnes, on trouve des couches épaisses de calcaire oolithique. A Gannat, cette roche contient des coquilles terrestres, et des ossements de quadrupèdes et d'oiseaux. Mais la forme la plus remarquable que le calcaire d'eau douce prend en Auvergne, est celle qu'on nomme calcaire à *phryganes*, parce qu'il renferme des étuis de larves de phryganes, dont des amas considérables ont été incrustés par du carbonate de chaux et transformés en un travertin ou calcaire concrétionné.

Les calcaires marneux contiennent souvent beaucoup de gypse, qu'on extrait pour le commerce, comme aux puys de *Corent* et de *Mirefleurs* et à la butte de *Montpensier.*

Que recèlent les strates plus solides?

Les strates plus solides recèlent les restes de mollusques et de vertébrés en grand nombre. Les carnivores, les insectivores, les rongeurs et les ongulés sont nombreux. L'examen de ces dépôts ossifères a prouvé qu'ils appartiennent tous à l'époque miocène inférieure.

Y a-t-il des traces de roches volcaniques dans les couches inférieures de la formation lacustre?

Non, il n'en existe aucune. Mais dans les parties plus élevées de la série, on observe çà et là un mélange des produits des éruptions volcaniques voisines des calcaires. En certains points, des fragments de laves basaltiques, des scories et des cendres volcaniques sont répandues dans l'intérieur de quelques couches calcaires dans une disposition qui fait supposer que ces fragments, projetés par une bouche volcanique et traversant l'espace, sont tombés dans le lac au moment où la couche dans laquelle on les rencontre était dans la condition d'une vase calcaire très molle.

Que rencontre-t-on sur quelques points du bassin lacustre?

Sur quelques points du bassin lacustre, on rencontre des masses de pépérino calcaire, dans lesquelles la stratification disparaît entièrement. C'est un conglomérat formé de fragments de basalte et de scorie cimentés par du spath calcaire. On en trouve des exemples aux puys de *Crouël* et de la *Poix*, à *Vertaizon*, à *Monton* et à *Pont-du-Château*.

Qu'y a-t-il à remarquer sur les sources minérales de l'Auvergne ?

Les sources de St-Alyre, de Chalusset et de

St-Floret sont exactement semblables, quoique sortant de terrains de nature différente : la première, d'un pépérino calcaire ; la seconde, de la base d'un cône volcanique ; la troisième, du granit. Il paraît de là qu'elles ont leur origine dans l'intérieur ou au dessous des roches granitiques qui forment la base de tout le territoire. La même observation s'applique aux nombreuses sources thermales qui se trouvent sur les divers points du plateau, sourdant indifféremment des roches primitives ou des roches volcaniques : comme aux bains du Mont-Dore, à la Bourboule, etc.

Ire RÉGION VOLCANIQUE.

CHAINE DES MONTS-DOMES.

Quelle est la position de la chaîne des Monts-Dômes?

Les Monts Dômes ou les *puys*, comme on les nomme dans le pays, s'élèvent sur la surface du plateau granitique dont nous avons parlé, suivant une ligne dirigée presque exactement du nord au sud. La chaîne des puys comprend à peu près soixante montagnes volcaniques, les unes groupées sans intervalle, les autres plus ou moins séparées.

Ces puys paraissent uniformément composés de scories incohérentes, de blocs de lave, de pouzzolane, avec des fragments de domite et de granit. Leur forme est plus ou moins celle d'un cône tronqué. Le cratère est souvent parfait. Fréquemment, cependant, il s'est formé sur un de ses bords une échancrure par où la lave s'est échappée à l'état de fusion, et s'est répandue sur un large espace. Ces champs de lave, nus ou recouverts de bruyères ou de genêts, sont appelés *cheires* dans le patois d'Auvergne.

Quel est le principal de ces puys?

C'est le puy de Dôme, le géant de la chaîne, qui est élevé de 1468 mètres au-dessus de la mer, et de 500^{m} au-dessus de sa base. Il est entièrement formé d'une variété de trachyte, à laquelle on a donné le nom de *domite*.

Le *petit puy de Dôme*, appuyé sur le flanc nord du grand, et formé de scories basaltiques, de sables et de cendres. Son cratère parfaitement régulier, en forme de coupe, est nommé par les pâtres montagnards le *Nid de la Poule*.

Le puy de *Pariou*, qui a un beau cratère, où paissent paisiblement de nombreux troupeaux, est un cône formé de scories et de pouzzolanes. Sa coulée de lave a répandu son torrent dans la vallée de Villars jusqu'à Fontmaure.

Pariou, *le grand Suchet*, *Côme et Fraisse* forment un carré au centre duquel se trouve *Clierzou*. La partie supérieure de ce dernier est perforée par des cavernes et des galeries qui abondent en pierre ponce.

Nous ne pouvons nommer tous les puys de cette chaîne; indiquons seulement:

Le *grand* et le *petit Sarcouy*, de nature trachytique, exploités par les Romains pour leurs sarcophages.

Le puy des *Goules*, formé de scories et de blocs de basalte.

Le puy *Chopine*, production volcanique curieuse, mélange confus de roches hétérogènes.

La roche de la *Nugère*, qui est exploitée depuis trois cents ans ; sa pierre à bâtir est nommée *pierre de Volvic*.

Le puy de *Lou-chadière* (*en patois, le fauteuil*) complétement isolé, a une bouche immense et une vaste coulée de lave.

Gravenoire, cône constitué de lapilli et de pouzzolanes.

Le puy de la *Vache*, formé de scories noirâtres et incohérentes.

IIe RÉGION VOLCANIQUE.

MONT-DORE.

Quelle est la montagne la plus élevée de ce groupe volcanique ?

C'est le pic de Sancy, qui atteint 1886 mètres au dessus de la mer. On ne peut mieux se figurer le massif montagneux, appelé Mont-Dore, qu'en se représentant sept ou huit sommités rocheuses groupées ensemble dans un circuit d'à peu près 1600 mètres. Cette masse est profondément entamée sur des flancs opposés par deux vallées principales, celle de la Dordogne et celle du Chambon, et en outre, sillonnée par une douzaine de gorges moindres où coulent des cours d'eau qui ont tous leur source vers les sommités centrales. Ses déjections fragmentaires ont formé d'immenses conglomérats accumulés à ses pieds.

Quelle est la nature des roches du Mont-Dore.

Ce sont des lits irréguliers de tufs et de brèches, mêlés à des coulées alternantes et répétées de trachyte, de phonolite et de basalte, et traversés par de nombreux dikes des mêmes roches.

Le trachyte constitue à peu près toutes les hautes sommités et les plateaux élevés, tandis que le basalte se montre sur les pentes extérieures et au fond des vallées.

Indiquez les plus hauts sommets et leur nature?

Le *Pic de Sancy* est un roc pyramidal de trachyte porphyrique. Réunies avec lui, des éminences considérables de même substance, s'élèvent de chaque côté. Ce sont le *puy Ferrand*, le *Pan de la Grange* et *Cacadogne*. Immédiatement au-dessus de la Cascade de la Dore, cette roche renferme de l'alun et du soufre dont la présence s'explique par d'anciennes *fumerolles*, qui ont attaqué la roche volcanique, et transformé en alun, par la substitution du soufre à la silice, le feldspath qui entrait dans sa composition : elles ont aussi déposé du soufre natif. Ce point du Mont-Dore a dû être une *solfatare*.

Qu'offrent de remarquable les vallées de la Cour et d'Enfer?

Ce sont deux gorges profondes creusées dans les conglomérats de trachyte et de basalte réunis en une brèche par un ciment, tantôt ferrugineux, tantôt ponceux. Cette brèche est traversée par plusieurs dikes de trachyte porphyrique. L'un d'eux sépare ces deux gorges. Dans celle de la *Cour*, on voit deux ou trois filons entièrement dénudés, qui ressemblent aux ruines de murailles cyclopéennes. Le flanc escarpé du *puy de l'Aiguille*, qui termine la vallée d'Enfer, présente trois ou quatre dikes de 300 mètres de haut.

Le phonolite se trouve-t-il au Mont-Dore?

Le phonolite, ou la variété laminaire et schistoïde de trachyte forme deux masses considérables isolées. Ce sont le *puy de Loueire* et les *roches Sanadoire* et *Tuillière*; dans le puy, le phonolithe est divisé en tables compactes; dans les roches, en prismes très-réguliers.

Les limites du Mont-Dore, vers le sud, sont-elles bien définies?

Non, les prolongements de sa base rencontrent ceux qui se détachent du Cantal, et se réunissent avec eux en formant un plateau élevé et massif qui sépare les eaux de la Dordogne de celles de l'Allier. On le nomme *Cézallier*.

CHAINE GRANITIQUE.

Quelle est la nature du plateau central de la France et de la chaîne qui borde la Limagne ?

Le granit de ce plateau varie beaucoup de caractère ; il passe souvent au gneiss, et quelquefois au micaschiste et à la serpentine. Les feldspath de ces roches forment parfois de larges cristaux colorés en rouge. Près de Clermont, la roche dominante est un granit blanc, à paillettes de mica. On trouve près de Pontgibaud du plomb sulfuré argentifère. Près d'Ardes, le granit est riche en antimoine.

Clermont, t. p. Ferdinand Thibaud.

www.ingramcontent.com/pod-product-compliance
Ingram Content Group UK Ltd.
Pitfield, Milton Keynes, MK11 3LW, UK
UKHW020934180726
13838UKWH00002B/939